BUNTE REIHE
NATUR

Wildblumen

Dietmar Aichele

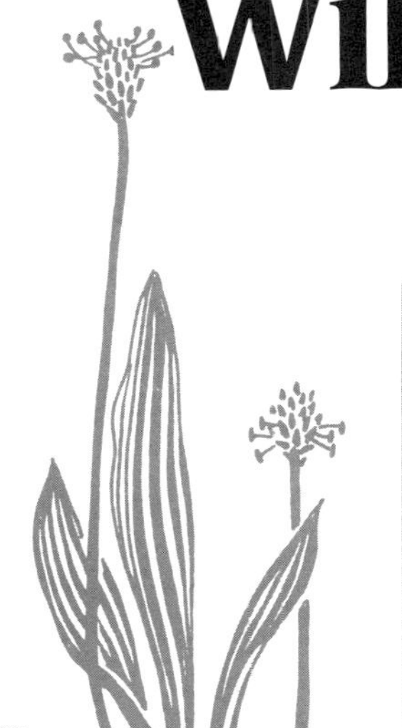

Mit 120 Farbfotos von Dietmar Aichele, Renate Aichele, Othmar Danesch, Paula Kohlhaupt und Heinz Schrempp sowie 58 Textzeichnungen von Gabriele Gossner

Umschlag von Ulrich Kolb unter Verwendung einer Aufnahme von Dietmar Aichele. Das Bild zeigt Wiesen-Storchschnabel (*Geranium pratense*)

CIP-Titelaufnahme der Deutschen Bibliothek

Aichele, Dietmar:
Wildblumen / Dietmar Aichele. [Mit 120 Farbfotos von Dietmar Aichele ... sowie 58 Textzeichn. von Gabriele Gossner]. – Neuausg. – Stuttgart : Franckh, 1989
(Bunte Reihe Natur)
Frühere Ausg. u.d.T.: Aichele, Dietmar: Das blüht an allen Wegen
ISBN 3-440-06070-5

Franckh'sche Verlagshandlung, W. Keller & Co., Stuttgart/1989

ISBN 3-440-06070-5
Druck und Buchbinder: Mohndruck, Gütersloh

Vorwort

Man sagt uns modernen Menschen gerne nach, wir seien blind für die Schönheiten der Natur. Ist das wirklich so? Gerade das Gegenteil ist wahr. Niemals zuvor haben so viele Spaziergänger ihre Freude an Pflanzen gehabt, nie haben mehr Städter im Urlaub Blüten fotografiert oder gemalt. Aber nicht jeder hatte Zeit und Gelegenheit, botanische Studien zu betreiben. Wenn wir eine Blume schön finden, sie fotografieren oder gar malen, wollen wir auch wissen, wie sie heißt, ob sie im Herbst oder im Frühling blüht, und vielleicht interessiert es uns auch, zu welcher Pflanzenfamilie sie gehört.
Zwar gibt es viele Pflanzenbestimmungsbücher; aber sie setzen Kenntnisse und botanische Begriffe voraus, die dem Liebhaber nicht immer geläufig sind. Mancher Anfänger verliert auch die Lust, sich näher mit der Pflanzenwelt zu beschäftigen, wenn er gleich der Überfülle der Arten begegnet. Der Pflanzenfreund möchte zunächst einmal die Blumen richtig kennenlernen, nicht gleich genau bestimmen. Er hat eine schöne Pflanze gesehen, das Bild hat sich eingeprägt. Er kennt die Pflanze noch nach Monaten wieder. Er wird sie auch in den Farbbildern dieses kleinen Buches wiedererkennen. Die Fotografie vermag zwar nicht immer den Pflanzenkörper im ganzen darzustellen; sie zeigt uns mehr das Gesicht der Pflanze. Die Gestalt, der „Habitus" wird, wenn es nötig ist, im Text noch durch eine einfache Zeichnung veranschaulicht. Dieses Buch möchte seine Leser auffordern, die abgebildeten Pflanzen an ihren natürlichen Standorten aufzusuchen. Sie werden auch manch unscheinbares Kraut abgebildet finden. Es sind aber nur Kräuter, die wirklich an allen Wegen wachsen. Der Leser wird daher die Freude haben, leicht zu finden, was er sucht. Viele Arten mußten unberücksichtigt bleiben, weil sie in weiten Gebieten unserer Heimat fehlen oder sehr selten vorkommen.

Dietmar Aichele

Das blüht an allen Wegen

Die Tafelbilder sind von links oben nach rechts unten zu lesen.

Garten (Schuttplatz/Kiesbänke, Acker, Wegrain/Bahndamm)

Gemeines Hirtentäschelkraut

Gemeines Hirtentäschelkraut, Hirtentäschel *Capsella bursa-pastoris* Kreuzblütengewächse *Brassicaceae (Cruciferae)*
März–Okt. 15–30 cm. – Das Hirtentäschel verdankt seinen Namen den Früchtchen. Mit ihrer dreieckig-herzförmigen Gestalt kennzeichnen sie die Pflanze aufs beste. Dagegen unterscheidet sich das Aussehen der Blätter bei verschiedenen Individuen oft außerordentlich. Stets sind jedoch die untersten („Grundblätter") stärker unterteilt als die stengelständigen („Stengelblätter"). Die Pflanze überdauert nur eine, höchstens zwei Vegetationsperioden („ein"- oder „zweijährig"). Gelegentlich wird das Hirtentäschel von einem parasitischen Pilz befallen und sieht dann mehlig bestäubt aus.

Purpurrote Taubnessel *Lamium purpureum* Lippenblütengewächse *Lamiaceae (Labiatae)*
März–Okt. 15–30 cm. – Auf brachliegenden oder durch Pflug und Hacke aufgerissenen, nährstoffreichen Lehmböden stellt sich die Purpurrote Taubnessel mit hoher Wahrscheinlichkeit schon nach kurzer Zeit ein. Ihre Samen werden von Ameisen dorthin verschleppt. Sie keimen fast das ganze Jahr über ziemlich rasch; deswegen findet man nicht selten Pflanzen recht verschiedener Entwicklungsstufen an ein und demselben Standort. Ähnliche Blütenstände wie bei der Purpurroten Taubnessel findet man bei vielen Lippenblütengewächsen („blattachselständige Scheinquirle").

Acker-Hellerkraut, Acker-Pfennigkraut *Thlaspi arvense* Kreuzblütengewächse *Brassicaceae (Cruciferae)*
März–Okt. 15–30 cm. – Beim Acker-Hellerkraut kann man die für die Kreuzblütengewächse typische Frucht besonders gut erkennen. Sie wird von 2 „Fruchtblättern" gebildet, die an ihren Rändern miteinander verwachsen sind. Hier sitzen die Samen an. Zwischen den beiden Fruchtblättern spannt sich eine „falsche Scheidewand", die bei reifen Früchtchen als zartes Häutchen noch nach Ausfall der Samen stehen bleibt. Wenn – wie beim Acker-Hellerkraut – eine derartige Frucht nahezu gleich lang wie breit ist, nennt man sie „Schötchen"; ist sie dagegen mehr als 3mal so lang wie breit, so heißt man sie „Schote". In den Mittelmeerländern wurden die Blätter des Acker-Hellerkrauts gelegentlich als Wildsalat oder Wildgemüse genossen.

Gemeines Greiskraut

Gemeines Greiskraut, Gemeines Kreuzkraut *Senecio vulgaris* Korbblütengewächse *Asteraceae (Compositae)*
Jan.–Dez. 15–50 cm. – Das Gemeine Greiskraut gehört zu den Unkräutern, die dem Menschen um die ganze Erde gefolgt sind. Ursprünglich war es wohl ausschließlich im Mittelmeergebiet beheimatet. Dort wächst es auf wasserzügigen Schutthängen. Als Unkraut bevorzugt es stickstoffhaltige, frisch bearbeitete Böden. Da es lichtbedürftig ist, geht es unter schnellwüchsigen Kulturpflanzen zumeist ein. Es blüht fast das ganze Jahr über. Höhepunkte in der Blüteperiode sind die Monate März bis Mai, Juli bis August und schließlich Oktober bis November. Was auf den ersten Blick wie eine unscheinbare Einzelblüte aussieht, ist in Wirklichkeit ein Blütenstand, der von „Hüllblättern" umgeben ist („Körbchen"). Die Einzelblüten kann man nur mit einer Lupe einigermaßen deutlich erkennen. Sie sind röhrig („Röhrenblüten"). Mehr als 50 von ihnen stehen in einem Körbchen beisammen. Den duftig-weißen Flughaaren an den Früchtchen verdankt die Gattung ihren Namen. Das gemeine Kreuzkraut enthält ein giftiges Alkaloid.

Garten (Schuttplatz/Kiesbänke, Acker, Wegrain/Bahndamm)

Sonnenwend-Wolfsmilch

Sonnenwend-Wolfsmilch *Euphorbia helioscopia* Wolfsmilchgewächse *Euphorbiaceae*
April – Okt. 5 – 30 cm. — Die Sonnenwend-Wolfsmilch dreht ihre Blütenstände dem Licht zu. Das war schon dem Römer PLINIUS bekannt. Auf diese Eigenschaft beziehen sich der wissenschaftliche und der deutsche Artname (griech. helios = Sonne; skopein = schauen). Der Gattungsname spielt auf den Milchsaft an, der scharf und bitter schmeckt. Er enthält neben dem Giftstoff Euphorbon Harze und kautschukartige Stoffe (ein zwischen den Fingern zerdrücktes Milchsafttröpfchen klebt!). Kautschukartige Milchsäfte sind für die Wolfsmilchgewächse typisch. Zu ihnen gehört der wichtigste Lieferant für Naturkautschuk *(Hevea brasiliensis)*.

Persischer Ehrenpreis *Veronica persica* Braunwurzgewächse *Scrophulariaceae*
März – Dez. 10 – 40 cm. — Dieses unscheinbare Pflänzchen war ursprünglich in Kleinasien beheimatet. In Europa wurde es in botanischen Gärten gehalten. Im Jahre 1805 verwilderte es aus dem botanischen Garten in Karlsruhe. 1815 wurde es in Basel, 1866 in Magdeburg gefunden. Heute ist der Persische Ehrenpreis eines der häufigsten Gartenunkräuter. Von anderen Arten der Gattung unterscheidet er sich durch seine großen (0,8 – 1,2 cm), langstieligen Blüten, die einzeln der Achsel von Laubblättern entspringen („blattachselständig"). Karlsruhe war nicht der einzige Ort, an dem der Persische Ehrenpreis aus der Kultur ausbrach. Fundberichte aus den beiden ersten Jahrzehnten des 19. Jahrhunderts liegen aus verschiedenen Gegenden Süd- und Südosteuropas vor. Doch scheint es dort zunächst nirgends zu dauerhaften Ansiedlungen gekommen zu sein. Eine Ausnahme macht Schlesien. Hier war er schon um 1820 nicht mehr selten. Von den beiden Zentren Karlsruhe und Schlesien aus eroberte er ganz Europa.

Vogel-Sternmiere, Vogelmiere *Stellaria media* Nelkengewächse *Caryophyllaceae*
März – Okt. 8 – 60 cm. — Die Vogelmiere ist ein lästiges Unkraut. Sie wächst sehr rasch, verästelt sich stark und schiebt ihre Stengel dicht nebeneinander flach über die Erde. So nimmt sie jungen Kulturpflanzen das Licht weg. Abgerissene Stengelstücke schlagen an der Ansatzstelle der Blätter („Knoten") bei feuchtem Wetter Wurzel und vermögen sich dadurch am Leben zu erhalten. Gleich vielen anderen Nelkengewächsen hat die Sternmiere tief eingeschnittene Blütenblätter. Trotz ihres unscheinbaren Äußeren kann man sie bei näherem Ansehen an der Stengelbehaarung gut erkennen: Die Haare stehen fast stets in nur einer, deutlich sichtbaren Reihe („einzeilig").

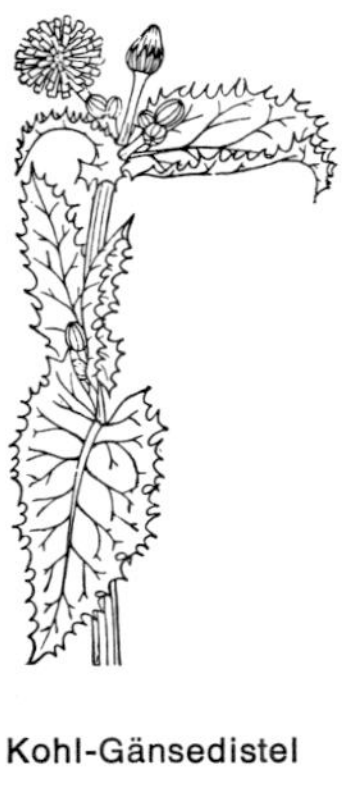

Kohl-Gänsedistel

Kohl-Gänsedistel, Gemeine Gänsedistel *Sonchus oleraceus* Korbblütengewächse *Asteraceae (Compositae)*
Juni – Okt. 30 – 100 cm. — Die Kohl-Gänsedistel liebt nährstoffreiche, insbesondere stickstoffhaltige Böden. Deswegen siedelt sie sich gern auf Schuttplätzen, aber auch in Hackkulturen aller Art an. Im Mittelalter wurde dieses „Unkraut" in manchen Gegenden als Gemüsepflanze angebaut. Ähnlich wie beim Gemeinen Greiskraut (S. 8) stehen auch bei der Kohl-Gänsedistel zahlreiche Einzelblüten in einem Körbchen beieinander. Allerdings handelt es sich hier um flache „Zungenblüten". Wo die Blätter am Stengel angewachsen sind, spreizen kleine Läppchen ab („Blattöhrchen").

Gemeiner Huflattich

Schuttplatz/Kiesbänke (Acker, Wegrain/Bahndamm, Garten)

Gemeiner Huflattich *Tussilago farfara* Korbblütengewächse *Asteraceae (Compositae)*
März–April. 10–30 cm. — Von den überall anzutreffenden Frühblühern ist der Huflattich einer der auffälligsten. Seine Blütenkörbchen erscheinen oft schon Anfang März. Die blütentragenden Stengel stehen bei sonnigem Wetter fast immer aufrecht; bei trübem Regenwetter nicken sie leicht. Abends gegen 18 Uhr schließt sich das Körbchen. Stengel mit verblühten Körbchen hängen stark vornüber; kurz vor der Fruchtreife richten sie sich indessen wieder steif auf. Danach sterben die mit „Schuppenblättern" besetzten Stengel ab. Aus den unterirdischen Kriechsprossen sind unterdessen die ersten hufeisenförmigen Blätter ausgeschlagen. Dank der Kriechsprosse und der tiefreichenden Wurzeln vermag der Huflattich selbst auf rutschenden Schutthalden zu gedeihen. Nach dem letzten Krieg ist er auf den Trümmerhalden in den Städten massenhaft aufgetreten. Seine Blätter enthalten vor allem Schleim- und Gerbstoffe und werden arzneilich verwendet.

Weiße Taubnessel *Lamium album* Lippenblütengewächse *Lamiaceae (Labiatae)*
April–Okt. 30–60 cm. — Trotz verblüffender Ähnlichkeit im Blattbau ist die Weiße Taubnessel mit der Brennessel nicht verwandt; sie hat auch keine Brennhaare. Der grundlegende Unterschied zwischen beiden Arten wird sofort augenfällig, wenn man beide Blüten miteinander vergleicht. Die Weiße Taubnessel zeigt die typische „Lippenblüte": Die „Oberlippe" ist helmförmig, der Mittellappen der „Unterlippe" zweispaltig. Zieht man die Blütenkrone aus dem Kelch, so sieht man in ihm den in 4 Nüßchen gespaltenen Fruchtknoten, der für alle Lippenblütengewächse und für die ihnen äußerlich ähnlichen Rauhblattgewächse typisch ist. Den in der Kronröhre geborgenen Nektar vermögen nur langrüsselige Hummeln „legal" zu erreichen. Erdhummeln und Ameisen beißen aber nicht selten die Kronröhre an und rauben durch die so geschaffene Öffnung den süßen Saft.

Gemeines Lauchkraut, Knoblauchsrauke *Alliaria petiolata* Kreuzblütengewächse *Brassicaceae (Cruciferae)*
Mai–Juni. 20–100 cm. — Die „Knoblauchs"rauke führt ihren Namen zurecht: Man nimmt ihren scharfen Geruch oft schon wahr, wenn man die Pflanze pflückt, erst recht, wenn man ein Blatt zwischen den Fingern zerreibt. Alle grünen Teile der Pflanze und die Wurzeln enthalten eine Substanz, aus der bei Zellverletzungen Knoblauch- und Senföl abgespalten wird. Obwohl die „Kreuzblüten" (vier über Kreuz stehende Blütenblätter) ziemlich klein sind, werden sie doch recht häufig von Insekten, hauptsächlich von Bienen, besucht.

Großes Schöllkraut

Großes Schöllkraut, Schellkraut *Chelidonium majus* Mohngewächse *Papaveraceae*
April–Okt. 30–100 cm. — In früheren Jahrzehnten und Jahrhunderten spielte das Schöllkraut eine Rolle in der Volksmedizin und im Aberglauben. Der gelbe Milchsaft wurde als Mittel gegen Warzen empfohlen. Obwohl er bei dafür empfindlichen Menschen die Haut reizen kann, dürfte ein eventueller Heilerfolg eher auf Autosuggestion als auf arzneiliche Wirkung zurückzuführen sein. Mittelalterliche Alchemisten vermuteten in dem Milchsaft seiner Färbung wegen sogar Gold! An bemerkenswerten Inhaltsstoffen sind aber nur Giftstoffe (Alkaloide) gefunden worden.

Gänse-Fingerkraut

Schuttplatz/Kiesbänke (Acker, Wegrain/Bahndamm, Garten)

Geruchlose Strandkamille, Falsche Kamille *Tripleurospermum inodorum* Korbblütengewächse *Asteraceae (Compositae)*
Juni—Aug. 25—60 cm. — Auf den ersten Blick — und selbst bei Pflanzenkennern noch auf den zweiten — ähnelt die Geruchlose Strandkamille der Echten Kamille. Aromatische Riechstoffe und die arzneiliche Wirkung fehlen ihr jedoch gänzlich. Wer die Geruchlose Strandkamille sicher von ähnlichen Arten unterscheiden will, muß den Blütenstand mit einem Messer längs durchschneiden. Die Echte Kamille besitzt einen deutlich hohlen „Blütenboden" (auf ihm stehen die gelben Röhrenblüten!). Bei der Geruchlosen Strandkamille und bei den Hundskamillen ist er mit weißlichem Mark ausgefüllt. Bei den Hundskamillen stehen zwischen den einzelnen Röhrenblüten kleine, nur mit der Lupe gut sichtbare Schuppen („Spreublätter").

Gänse-Fingerkraut, Anserine *Potentilla anserina* Rosengewächse *Rosaceae*
Mai—Juli. 15—50 cm. — Von den heimischen Fingerkräutern verdient das Gänse-Fingerkraut seinen Namen am wenigsten: im Unterschied zu seinen Verwandten hat es „gefiederte" statt „gefingerte" Blätter. An der langen Blattachse stehen mehrere Paare tief gesägter „Teilblättchen"; oft sind die Partner etwas gegeneinander verschoben, und fast stets sitzen kleinere Teilblättchen zwischen den „Fiederblättchen". Das Gänse-Fingerkraut bevorzugt unbebaute, stickstoffreiche Böden und siedelt sich gerne an schlammigen Ufern an. Seine Blätter sollen angeblich von Gänsen gefressen werden.

Große Klette *Arctium lappa* Korbblütengewächse *Asteraceae (Compositae)*
Juli—Sept. 30—180 cm. — Dank ihrer hakigen „Hüllblätter" heften sich die Blüten- bzw. Fruchtstände der Kletten an das Fell vorüberstreichender Tiere. Neben der „Klettverbreitung" werden die Fruchtstände der Kletten auch vom Wind verweht. Alle Kletten — es gibt mehrere, schwer unterscheidbare Arten, die überdies fruchtbare Bastarde miteinander bilden — bevorzugen stickstoffreiche Böden. Daher sind sie auf Müll- und Schuttplätzen besonders häufig. Die Große Klette enthält in der Wurzel ätherisches Öl und Schleimstoffe. Wurzelextrakte wurden früher arzneilich verwendet.

Gemeiner Rainfarn, Wurmkraut *Tanacetum vulgare* Korbblütengewächse *Asteraceae (Compositae)*
Juli—Sept. 60—130 cm. — Der Rainfarn verdankt seinen Namen einem seiner häufigsten Wuchsorte und seinen „unpaarig gefiederten" Blättern. Bekanntlich haben viele Farne ähnlich unterteilte Blätter. Früher wurden Extrakte oder Destillate aus der Pflanze gegen Eingeweidewürmer verordnet. Das war nicht ganz ungefährlich. Der Rainfarn enthält nämlich u. a. das Gift Thujon, das schwere Leberschädigungen hervorrufen kann. Der Rainfarn ist in Deutschland nicht überall gleich häufig. Im eigentlichen Alpengebiet und im Voralpenland findet man ihn nur selten und fast ausschließlich in den Flußtälern; im übrigen Deutschland fehlt er in keinem größeren Gebiet. Noch im letzten Jahrhundert war er eine beliebte Gartenpflanze; heute ist er aus der Mode gekommen. Da er keine hohen Ansprüche an seine Standorte stellt, dürfte er oft verwildert und weit verschleppt worden sein. Das würde auch seine ungleichmäßige Verbreitung, vor allem südlich der Donau und im Norddeutschen Küstengebiet erklären.

Große Klette

Echter Erdrauch

Acker (Wegrain/Bahndamm, Garten, Schuttplatz/Kiesbänke)

Acker-Stiefmütterchen *Viola tricolor* Veilchengewächse *Violaceae*
Mai–Okt. 10–20 cm. – Wie die Veilchen zu dem Namen „Stiefmütterchen" kamen, dafür gibt es mehrere phantasievolle Erklärungen. Nach einer von ihnen symbolisiert das unterste Blütenblatt die Stiefmutter, die ihre beiden „leiblichen Töchter" – die angrenzenden und meist ähnlich gefärbten Blütenblätter – sichtlich bevorzugt. Da die beiden obersten Blütenblätter in der Regel anders gefärbt sind, sollen sie die „Stieftöchter" sein. Auch andere Namensdeutungen gehen von der ungleichen Färbung der einzelnen Blütenblätter aus. Diese variiert innerhalb der Art außerordentlich stark; bei manchen Exemplaren sind alle Blütenblätter nahezu gleichfarbig (hellgelb oder hellviolett). In der Blütengröße sind die Unterschiede innerhalb dieser Art ebenfalls sehr groß. Es wurden schon Exemplare beschrieben, deren Blüten mehr als 3 cm im Durchmesser maßen, und andere, die kaum länger als 5 mm waren. Diese Größenunterschiede werden nicht nur durch bessere Wuchsbedingungen bestimmt, sondern sind auch erblich verursacht. Deshalb hat man die Art „Acker-Stiefmütterchen" mehrfach in zahlreiche Unterarten, ja sogar schon in mehrere Arten aufgeteilt, die sich jedoch nur sehr schwer voneinander unterscheiden lassen.

Echter Erdrauch *Fumaria officinalis* Mohngewächse *Papaveraceae*
Mai–Okt. 15–30 cm. – Durch ihre eigentümlich graugrünen, „doppelt fiederteiligen" und schlaff wirkenden Blätter fallen selbst nichtblühende Erdrauchpflanzen auf Hackfruchtäckern und in Gärten auf. Im Gegensatz zu vielen anderen Mohngewächsen haben die Erdrauch-Arten keinen Milchsaft. Ihre Samen werden von Ameisen verschleppt.

Roter Gauchheil, Acker-Gauchheil *Anagallis arvensis* Primelgewächse *Primulaceae*
Juli–Okt. 8–15 cm. – Der Acker-Gauchheil gehört zu den am leichtesten kenntlichen Ackerunkräutern. Seine Blüten sitzen auf langen (bis 2,5 cm) Stielen, die den Achseln „gegenständiger" Blätter entspringen. Die Stengel liegen auf dem Boden oder biegen sich leicht empor („Stengel aufsteigend"). Neben rotblühenden Exemplaren gibt es solche mit blauen Blüten. „Gauchheil" bedeutet im Mittelhochdeutschen „heilt Geisteskranke" (Gauch = Kuckuck, Tor). Die Pflanze enthält zwar – wie viele andere Primelgewächse auch – Saponine, wird aber heute in der Heilkunde nicht mehr verwendet. Die Blüten des Gauchheils öffnen sich nur bei vollem Tageslicht. Sie reagieren empfindlich auf Helligkeitsabfall; so schließen sie sich nicht nur abends gegen 18 Uhr, sondern auch bei wolkenverhangenem Himmel.

Echte Kamille

Echte Kamille *Matricaria chamomilla* Korbblütengewächse *Asteraceae (Compositae)*
Mai–Aug. 15–30 cm. – Die Echte Kamille gilt wohl zurecht als die bekannteste heimische Heilpflanze, obwohl sie kaum noch irgendwo in größeren Mengen gesammelt wird; stattdessen wird sie von den Tee-Erzeugern angebaut. Seit man mit den modernen Wuchsstoffmitteln die Ackerunkräuter bekämpft, ist sie seltener geworden, obgleich sie in keiner Gegend gänzlich fehlt. Sie bevorzugt nährstoffreiche Lehmböden. Von ähnlichen Arten verwandter Gattungen kann man sie leicht unterscheiden: Sie riecht ausgesprochen aromatisch; sie enthält vor allem in den Blüten ätherische Öle; zwischen den gelben Röhrenblüten wachsen bei ihr keine „Spreublätter" (Lupe); der Boden ihrer Blütenkörbchen ist gewölbt und hohl (mit dem Messer durchschneiden!).

Acker (Wegrain/Bahndamm, Garten, Schuttplatz/Kiesbänke)

Acker-Rettich

Acker-Rettich, Wilder Rettich, Hederich *Raphanus raphanistrum* Kreuzblütengewächse *Brassicaceae (Cruciferae)*
Juni–Aug. 30–60 cm. — Der Hederich gehört zu den großblumigen Kreuzblütengewächsen. Deshalb kann man an ihm den für die Familie typischen Blütenbau besonders deutlich erkennen: 4 Kelchblätter, 4 Blütenblätter, 2 äußere, kurze und 4 innere, längere Staubblätter. Der Fruchtknoten ist eine „Schote" (s. Acker-Hellerkraut, S. 8). Beim Acker-Rettich ist sie stark eingeschnürt (Glieder- oder Bruchschote). Man hat häufig die Ansicht geäußert, vom Hederich stamme der Kulturrettich ab. Da dieser jedoch eine ungegliederte Schote besitzt, kommt der Hederich als alleiniger Ahne wohl kaum in Frage. Hederich bevorzugt schwach saure Böden. Auf ihnen ist er eines der häufigsten und gefürchtetsten Ackerunkräuter. Von dem ähnlichen Acker-Senf (s. unten) unterscheidet er sich eindeutig durch die aufrechten und meist rötlich überlaufenen Kelchblätter.

Feld-Rittersporn, Acker-Rittersporn *Delphinium consolida* Hahnenfußgewächse *Ranunculaceae*
Mai–Sept. 10–50 cm. — Der Feld-Rittersporn besitzt „zweiseitig symmetrische" Blüten: durch die Blüte läßt sich nur eine — in diesem Falle — senkrecht verlaufende Symmetrieebene legen. Wie die meisten übrigen langgespornten Blumen, so wird auch der Feld-Rittersporn von Schmetterlingen und langrüsseligen Hummeln bestäubt. Er enthält in geringer Menge Alkaloide und ist deshalb schwach giftig. In früheren Jahrhunderten wurde er als Heilpflanze verwendet. Darauf weist noch heute sein wissenschaftlicher Artname hin (lat. consolidare = festmachen, wohl in der Bedeutung von „heile zusammen").

Acker-Senf *Sinapis arvensis* Kreuzblütengewächse *Brassicaceae (Cruciferae)*
Mai–Aug. 30–80 cm. — Der Acker-Senf läßt sich an seinen waagrecht abstehenden Kelchblättern leicht von dem ähnlichen Hederich unterscheiden. Saure Böden meidet er; dafür ist er auf neutralen und basischen um so häufiger. Seine Bekämpfung ist außerordentlich schwierig. Zwar gehen Jungpflanzen unter der Wirkung von Wuchsstoffmitteln rasch zugrunde; doch gelangen immer wieder Samen mit mangelhaft gereinigtem Saatgut auf die Felder. Sie keimen nur, wenn sie dicht unter der Bodenoberfläche liegen. Tieferliegende Samen behalten ihre Keimfähigkeit angeblich bis zu 50 Jahren bei. Sie keimen aus, nachdem sie durch Umpflügen genügend nahe an die Oberfläche gebracht worden sind.

Feld-Rittersporn

Klatsch-Mohn *Papaver rhoeas* Mohngewächse *Papaveraceae*
Mai–Juli. 30–80 cm. — Der Klatschmohn unterscheidet sich von ähnlichen Arten durch seinen mit abstehenden Borsten bedeckten Stengel und seinen kahlen Fruchtknoten. Aus ihm geht — nachdem die nektar- und geruchlose Blüte zumeist durch Fliegen oder Bienen befruchtet worden ist — die für die Gattung Mohn typische „Porenkapsel" hervor. Die Samen können aus ihr nur herausfallen, wenn die Kapsel vom Wind hin- und hergeschüttelt wird. Bemerkenswert ist die Wuchsumstimmung, die der Blütenstiel während seiner Entwicklung erfährt: Ganz junge Knospen trägt er meistens aufrecht; Stengel mit älteren Knospen nicken, wogegen entfaltete Blüten eher wieder aufrecht getragen werden. Der Milchsaft des Klatschmohns enthält ein Alkaloid, gilt aber als höchstens schwach giftig.

Kornblume

Acker (Wegrain/Bahndamm, Garten, Schuttplatz/Kiesbänke)

Acker-Winde *Convolvulus arvensis* Windengewächse *Convolvulaceae*
Juni—Okt. 30—100 cm. — Die Acker-Winde kriecht am Boden oder windet sich an anderen Pflanzen, vor allem an Getreidehalmen, empor. Die am Grunde „pfeil-spießförmigen“ Blätter stehen alternierend, d. h. „wechselständig“ am Stengel. Die „trichterigen“ Blüten öffnen sich morgens zwischen 7 und 8 Uhr und schließen sich am selben Tag wieder gegen 13—14 Uhr; dann sind sie verblüht. Die Stengelspitze führt durch unterschiedlich starkes Wachstum Suchbewegungen aus. Sie beschreibt in etwa $1^{1}/_{2}$ Stunden einen Kreis im Uhrzeigersinn, der mehrere Zentimeter Durchmesser haben kann.

Kornblume *Centaurea cyanus* Korbblütengewächse *Asteraceae (Compositae)*
Juli—Okt. 30—90 cm. — Die Kornblume, ohne die noch vor wenigen Jahrzehnten reifende Getreidefelder undenkbar schienen, ist durch die verbesserten Methoden der Saatgutreinigung und durch die chemische Unkrautbekämpfung wirksam zurückgedrängt worden. An Ackerrändern und auf Schuttplätzen mit lockerem, nährstoffreichem Boden wird sie indessen immer Standorte finden, die ihr zusagen. Wie bei anderen Arten der Gattung sind auch bei ihr nicht alle Blüten des Körbchens gleich gestaltet. Die trichterförmigen äußeren „Röhrenblüten“ sind unfruchtbar und dienen als Blickfang für Insekten, die die kleineren „Scheibenblüten“ bestäuben.

Erdnuß-Platterbse *Lathyrus tuberosus* Schmetterlingsblütengewächse *Fabaceae (Leguminosae)*
Juni—Aug. 30—150 cm. — „Wurzelknollen“ haben bei der Benennung der Erdnuß-Platterbse Pate gestanden. Zwar sind sie, wie die Speicherorgane manch anderer Schmetterlingsblütengewächse, reich an Eiweißen und an Kohlenhydraten, doch kommen sie für die menschliche Ernährung wegen ihres Gehalts an Bitterstoffen nicht in Frage. Die durch Ausläufer verbundenen Knollen werden beim Pflügen voneinander getrennt und verbreitet. Oft wächst die Erdnuß-Platterbse in ganzen Nestern im Getreide. Sie umschlingt die Halme und raubt so den Getreidepflanzen das Licht. Durch die gebräuchlichen Unkrautbekämpfungsmittel auf Wuchsstoffbasis wird die Erdnuß-Platterbse kaum geschädigt. Da aber viele ihrer Konkurrenten dadurch beseitigt werden, erhält sie mehr Lebensraum. Deswegen konnte sie sich im letzten Jahrzehnt in Deutschland merklich ausbreiten. Dies ist außer ihr nur wenigen Unkräutern gelungen. An vielen Orten, wo sie noch vor 20 Jahren selten war oder gar fehlte, ist sie heute zum auffälligsten Getreideunkraut geworden.

Kriechender Hahnenfuß

Kriechender Hahnenfuß *Ranunculus repens* Hahnenfußgewächse *Ranunculaceae*
Mai—Aug. 15—50 cm. — Der Kriechende Hahnenfuß gedeiht auf nährstoffreichen und etwas feuchten Lehmböden am besten. Vom Hauptstengel zweigen rasch wachsende Äste ab, die den Boden entlang wachsen („oberirdische Ausläufer“). Wo Blätter angelegt werden („Blattknoten“), schlägt der Ausläufer Wurzel, ein oder mehrere blütentragende Stengel wachsen empor, von denen erneut Ausläufer austreiben. Inzwischen kann die Verbindung zur ursprünglichen Mutterpflanze längst verrottet und also ein selbständiges pflanzliches Individuum entstanden sein. Der Kriechende Hahnenfuß hat sich damit „vegetativ“ vermehrt.

Wegrain/Bahndamm (Garten, Schuttplatz/Kiesbänke, Acker)

Mittlerer Wegerich

Mittlerer Wegerich *Plantago media* Wegerichgewächse *Plantaginaceae*

Mai—Juni. 15—30 cm. — Kaum eine heimische Pflanze besitzt eine so wohlausgebildete Blattrosette wie der Mittlere Wegerich. Die Blätter sitzen an einem extrem kurzen Stengel. Durch die schraubige Anordnung überdecken sie sich verhältnismäßig wenig. Die untersten Blätter der Rosette sind stets die größten. Nach oben werden sie kontinuierlich kleiner. Geht man, beim untersten Blatt anfangend, die Spirale nach oben durch, so kommt man nach 3 Umgängen auf ein Blatt, das ziemlich genau über dem ältesten steht. Immer ist es das neunte Blatt, das die Pflanze angelegt hat. Über dem zweitältesten steht das zehntälteste, über dem drittältesten das elfälteste usw. Eine solche Blattstellung, bei der nach 3 Umgängen jeweils das 8. Blatt über dem Blatt steht, von dem man ausgegangen ist, nennt man $^3/_8$ Blattstellung.

Wiesen-Salbei *Salvia pratensis* Lippenblütengewächse *Lamiaceae (Labiatae)*

Mai—Juli. 20—60 cm. — Der Wiesen-Salbei verfügt über eine höchst sinnvolle Einrichtung, die ihm Fremdbefruchtung sichert. Die beiden Staubgefäße einer Blüte reifen, ehe der Griffel zu seiner vollen Länge herangewachsen ist. Sie sind zu einem empfindlichen Hebelmechanismus umgebildet. Am langen Hebelarm sitzen — unter dem Dach der Oberlippe — die Staubbeutel. Am Grunde der Blütenröhre verbreitert sich der kurze Hebelarm zu einer Platte. Wird diese vom Rüssel einer nektarsuchenden Hummel berührt, so senken sich die Staubbeutel auf ihren Hinterleib und pudern ihn mit Pollen ein. Bei älteren Blüten mit ausgewachsenen Griffeln befinden sich die Narben in derselben Lage wie die herabgebogenen Staubbeutel. Wenn eine Hummel also zunächst eine pollenspendende, junge Blüte besucht, pudert sie sich mit Blütenstaub ein und streift, wenn sie anschließend ältere Blüten aufsucht, auf deren Narben einen Teil des Pollens ab.

Weiße Nachtnelke, Weiße Lichtnelke *Melandrium album* Nelkengewächse *Caryophyllaceae*

Mai—Okt. 20—100 cm. — Bei der Weißen Nachtnelke nicken die Blüten untertags; die Blütenkrone ist nicht voll ausgebreitet und duftlos. Erst gegen Abend spreizen sich die Blütenblätter auseinander. Gleichzeitig beginnt die Blüte zu duften. Dadurch werden Nachtschmetterlinge angelockt, die die Blüte bestäuben. Die Weiße Nachtnelke hat eingeschlechtliche Blüten; die weiblichen besitzen im Unterschied zu denen der selteneren Echten Nachtnelke 5 Griffel.

Kleiner Odermennig

Kleiner Odermennig, Gemeiner Odermennig *Agrimonia eupatoria* Rosengewächse *Rosaceae*

Juni—Aug. 30—130 cm. — Die Blüten des Odermennigs sind verhältnismäßig klein (8—10 mm im Durchmesser). Daher fällt die Pflanze meist nicht besonders auf, obschon ihre „Blütenähre" mehrere Dezimeter lang werden kann. Im Altertum wurde der Odermennig als heilkräftig beschrieben. Der Namensteil „eupatoria" verweist auf den pontischen König MITHRIADATES EUPATOR (132—64 v. Chr.), der den Odermennig gegen Schlangenbiß, aber auch bei Leberleiden empfohlen haben soll. Heute spielt der Odermennig als Heilpflanze keine Rolle mehr. Er enthält Gerbstoffe und bemerkenswerterweise viel Nikotinsäureamid, das zum Vitamin-B-Komplex gehört und im Stoffwechsel bei der Wasserstoffübertragung eine Rolle spielt.

Wilde Möhre

Wegrain/Bahndamm (Garten, Schuttplatz/Kiesbänke, Acker)

Wilde Möhre, Mohrrübe *Daucus carota* Doldengewächse *Apiaceae (Umbelliferae)*
Juli—Okt. 30—60 cm. — Die Wilde Möhre gilt unbestritten als Stammform unserer „gelben Rübe" bzw. unserer „Karotte". Es wäre jedoch falsch zu glauben, man brauche nur Wilde Möhren auf gutem Boden zu kultivieren und erhalte dann Exemplare der Kulturform. Deren Wurzeln sind viel fleischiger und farbstoffreicher. Dies läßt auf eine intensive Auslese erwünschter Formen in der Kultur schließen. Die Wurzel der Wildform enthält bis 17 mg/100 g Provitamin A, dazu Vitamine der B-Gruppe. Sie schmeckt jedoch scharf und holzig. — Inmitten der „Blütendolde" befindet sich häufig eine einzelne schwarzpurpurne „Mohrenblüte". Über ihre etwaige Aufgabe ist schon viel spekuliert worden; stichhaltige Ergebnisse sind jedoch nicht gefunden worden. Da sehr selten mehrere „Mohrenblüten" auftreten und gelegentlich die sonst weißen Blüten rötlich überlaufen sind, dürfte dies auf eine allgemein vorhandene Fähigkeit zur Bildung roter Farbstoffe hinweisen.

Zaun-Wicke *Vicia sepium* Schmetterlingsblütengewächse *Fabaceae (Leguminosae)*
Mai—Aug. 30—60 cm. — Wie viele Schmetterlingsblütengewächse, so hat auch die Zaunwicke „paarig gefiederte" Blätter (die einzelnen Fiederblättchen stehen sich gegenüber; ein Endblättchen fehlt). Bemerkenswert sind an ihnen überdies die Ranken, mit denen die Pflanze Halme und Stengel anderer Pflanzen umschlingen und sich so zusätzlichen Halt verschaffen kann. Aufgrund ihrer Stellung zur Blattachse hält man sie für umgebildete Fiederblättchen („Blattranken"). — Auf der Zaunwicke findet man häufig Ameisen. Sie scheidet nämlich an der Unterseite ihrer „Nebenblätter" (kleine Blätter am Grunde des Blattstiels) Nektar ab, den die Ameisen aufnehmen. Da die Zaunwicke in ihren Organen Eiweiße enthält, ist sie ein wertvolles Futterkraut.

Weißer Steinklee, Honigklee, Bucharaklee *Melilotus albus* Schmetterlingsblütengewächse *Fabaceae (Leguminosae)*
Juli—Sept. 30—130 cm. — An Wegrainen, Bahn- und Flußdämmen ist der Weiße Steinklee gern gesehen. Mit seinem ausgedehnten Wurzelwerk vermag er nämlich hervorragend Kies und Schutt zu befestigen. Überdies bieten seine unzähligen, in schmalen, aufrechten Trauben stehenden Blüten den Bienen eine ergiebige Nektarweide. Auf Mähwiesen ist der Weiße Steinklee unerwünscht. Das Kraut enthält in Blättern und Stengeln eine chemische Verbindung, aus der beim Trocknen Cumarin frei wird. Dieses verleiht der Pflanze Waldmeisterduft, kann aber in feuchtem Heu eine Verbindung eingehen, die die Blutgerinnung hemmt. Rinder, die solches Heu fressen, können dann verbluten.

Echter Steinklee

Echter Steinklee *Melilotus officinalis* Schmetterlingsblütengewächse *Fabaceae (Leguminosae)*
Juni—Sept. 30—120 cm. — Vom Weißen Steinklee unterscheidet sich der Echte Steinklee durch die andere Blütenfarbe aufs deutlichste. Er hat jedoch einen ähnlichen, viel selteneren Verwandten, den Hohen Steinklee. Ihn kann man nur am Längenverhältnis der einzelnen Blütenblätter sicher erkennen. Bei den Schmetterlingsblütengewächsen bilden die beiden untersten, häufig verwachsenen Blütenblätter das „Schiffchen", die seitlichen nennt man „Flügel" und das oberste „Fahne". Beim Echten Steinklee sind die „Flügel" länger als das „Schiffchen"; beim Hohen Steinklee sind beide gleich lang.

Wegrain/Bahndamm (Garten, Schuttplatz/Kiesbänke, Acker)

Nickende Distel

Mehlige Königskerze, Lichtnelken-Königskerze *Verbascum lychnitis* Braunwurzgewächse *Scrophulariaceae*
Juni–Sept. 50–130 cm. — Wenn man die Unterseite der Blätter bei der Mehligen Königskerze betrachtet, wird einem sofort klar, woher sie ihren deutschen Artnamen hat. Die „weiße Wolle" wird von sternförmig verzweigten Haaren („Sternhaaren"; Lupe!) gebildet. Derartige Behaarung ist übrigens für fast alle Königskerzenarten kennzeichnend. Auf sie bezieht sich auch der wissenschaftliche Gattungsname „Verbascum", der sich vom lateinischen „barbatum" = bärtig herleitet. Das dichte Haarkleid schützt die großblättrigen Pflanzen recht wirksam vor zu großer Verdunstung, da die meisten „Spaltöffnungen", durch die die Pflanzen Wasser abgeben, auf der Blattunterseite sitzen. Die Königskerzen besiedeln infolgedessen gern warme und oft trockene Standorte. Die meisten Arten der Gattung (über 200) kommen im Mittelmeergebiet vor.

Nickende Distel *Carduus nutans* Korbblütengewächse *Asteraceae (Compositae)*
Juli–Aug. 30–100 cm. — Der Volksmund nennt alle Korbblütler mit stechend-spitzen Blättern „Disteln". Der Botaniker indessen teilt diese Gewächse in mehrere Gattungen auf. Die „echten" Disteln erkennt man an den unverzweigten Haaren (Lupe!), die am Fruchtknoten stehen und die später als „Pappus" die Flugverbreitung der Früchtchen ermöglichen, sowie an den meist halbkugeligen Blütenkörbchen. Diese sind von den einheimischen Distel-Arten bei der Nickenden Distel bei weitem am größten (3,5–7 cm im Durchmesser). Die langröhrigen Blüten werden von Schmetterlingen, Hummeln und seltener von Bienen bestäubt. Die nährstoffreichen Samen werden vom „Distelfink" besonders gerne gefressen.

Gelbe Resede, Gelber Wau, Wilde Resede *Reseda lutea* Resedengewächse *Resedaceae*
Mai–Okt. 30–60 cm. — Die Gelbe Resede ist eine typische Bahndammpflanze, die — ursprünglich im Mittelmeergebiet heimisch — bei uns nur eingeschleppt wurde, jetzt aber fast überall anzutreffen ist. Nur in der Norddeutschen Tiefebene ist sie selten; offensichtlich ist es ihr dort im Jahresdurchschnitt zu kalt. Die Gelbe Resede enthält wie ihre Verwandte, die Färber-Resede *(Reseda luteola)* den gelben Farbstoff Luteolin, der vor der Erfindung der synthetischen Farben benutzt wurde, um Seide lichtecht gelb zu färben.

Gelbe Resede

Gemeine Wegwarte, Wilde Cichorie *Cichorium intybus* Korbblütengewächse *Asteraceae (Compositae)*
Juli–Aug. 30–130 cm. — Die Wegwarte ist an ihren „sparrig-ästigen" Stengeln, den schrotsägeförmigen unteren Blättern und den großen blauen Blütenkörbchen, die nur „Zungenblüten" enthalten, gut kenntlich. Jede Pflanze setzt zahlreiche Körbchen an. Diese öffnen sich morgens in aller Frühe und schließen sich zwischen 12 und 15 Uhr wieder. Dann sind sie verwelkt. Von der Cichorie gibt es drei Kultursorten: Bei der „Varietät" *C. intybus, var. foliosum,* häuft man auf den eben austreibenden Sproß aufs neue Erde und zwingt ihn so, längere Zeit unter Lichtabschluß zu wachsen. Ehe er das Erdreich durchstößt, schneidet man ihn und bringt ihn als „Chicorée" auf den Markt. Aus der Wurzel der Varietätat *C. intybus var. sativum* röstet man seit dem 17. Jahrhundert „Cichorie".

Wegrain/Bahndamm (Garten, Schuttplatz/Kiesbänke, Acker)

Wilde Karde, Wald-Karde *Dipsacus silvester* Karden-Gewächse *Dipsacaceae*

Juli–Aug. 90–200 cm. – Der auffällige Blütenstand der Wilden Karde ist eine „walzliche Ähre": Die kleinen, vierzipfligen Blüten sitzen in den Achseln langspitziger „Tragblätter". Häufig nennt man jedoch derartige Blütenstände „Köpfchen", vor allem, wenn sie wie bei der Karde am Grunde mehrere „Hüllblätter" besitzen. Die Blüten der Wilden Karde öffnen sich bemerkenswerterweise zunächst in der Mitte des Köpfchens. Erst dann folgen die zuerst angelegten unteren Blüten und gleichzeitig die jüngeren, die an der Köpfchenoberseite sitzen. In den paarweise verwachsenen Blättern der Wilden Karde sammelt sich Regenwasser, das entgegen früheren Vorstellungen von der Pflanze durch die Blattoberfläche aufgenommen werden kann. Indessen ist die Wilde Karde keine insektenfressende Pflanze, wiewohl in dem „Blattsee" nicht selten Insekten ertrinken.

Gemeines Leinkraut

Gemeines Leinkraut, Frauenflachs *Linaria vulgaris* Braunwurzgewächse *Scrophulariaceae*

Juni–Okt. 30–60 cm. – Das Gemeine Leinkraut ähnelt dem Löwenmaul *(Anthirrhinum majus)* außerordentlich. Die großen, auffälligen Blüten haben eine „Oberlippe" und eine „Unterlippe". Von dieser wölbt sich ein orangeroter oder dunkelgelber „Gaumen" nach oben und verschließt die Blütenröhre, in deren langem Sporn sich der reichlich abgesonderte Nektar sammelt. Die Bestäubung erfolgt durch Hummeln, die sich auf die „Unterlippe" setzen, die „Oberlippe" aufdrücken und dann in die Blütenröhre hineinkriechen. Schmetterlinge vermögen die Lippen nicht auseinander zu drücken, sie kommen deshalb als Bestäuber nicht in Frage.

Kleinköpfiger Pippau *Crepis capillaris* Korbblütengewächse *Asteraceae (Compositae)*

Juni–Nov. 15–70 cm. – Der Kleinköpfige Pippau gehört zu den ausdauerndsten Blühern unserer sommerlichen Flora. Durch Verbiß oder Mahd während der Heuernte werden die eben erblühten Stengel oft zum Austreiben von Seitenknospen veranlaßt, so daß die Pflanzen fast wie ein kleiner Busch aussehen. Die Früchtchen des Kleinen Pippaus sind behaart. Wie bei vielen anderen Korbblütengewächsen werden sie durch den Wind verbreitet. Sie können kilometerweit fliegen. Trotz dieser guten Ausbreitungschancen ist der Kleine Pippau im Nordwestdeutschen Tiefland etwas seltener als in den übrigen Gebieten unserer Heimat.

Blauer Natternkopf *Echium vulgare* Borretschgewächse *Boraginaceae*

Juni–Sept. 30–120 cm. – Der Blaue Natternkopf hat seinen Namen der Blüten wegen erhalten. Insbesondere soll die gespaltene, aus der Blüte herausragende Narbe an die Schlangenzunge erinnern. Die Blüten des Natternkopfes zeigen den bei vielen blaublühenden Blumen vorkommenden Farbwechsel besonders deutlich. In der Knospe sind die Blütenblätter kräftig rosa bis hochrot; die fertige Blüte indessen ist tief blau. Der Farbwechsel wird durch eine Veränderung des Säuregrades im Zellsaft hervorgerufen. In den Zellen junger Blütenblätter ist der Zellsaft sauer; der Farbstoff ist dann rot. In den Zellen der entfalteten Blütenblätter ist er neutral bis schwach alkalisch; dann ist derselbe Farbstoff blau.

Gemeines Kreuzblümchen

Grünland (Trockenrasen, Weiden, Wiesen)

Zypressen-Wolfsmilch *Euphorbia cyparissias* Wolfsmilchgewächse *Euphorbiaceae*
April—Mai. 15—30 cm. — Die Zypressen-Wolfsmilch enthält wie die anderen Arten der Gattung in ihrem Milchsaft das Gift Euphorbon; deshalb wird sie vom Vieh nicht gefressen. Merkwürdigerweise ist sie aber die einzige Futterpflanze für die Raupe des Wolfsmilchschwärmers, die man zuweilen auf der Pflanze findet. Sehr oft wird die Zypressen-Wolfsmilch von einem Rostpilz *(Uromyces pisi)* befallen, der als weitere Wirtspflanze Erbsen infiziert. Offensichtlich bildet dieser Rostpilz in der Wolfsmilch einen Wirkstoff, der sie am normalen Wachstum hindert. Kranke Pflanzen bekommen nämlich ein gänzlich anderes Aussehen. Meist sind sie unverzweigt, ihre Blätter bleiben klein und eiförmig, und die Pflanze kommt nicht zum Blühen. Befallene Pflanzen sehen auffallend gelbgrün aus. Das Vorhandensein des Rostpilzes erkennt man an den roten Pusteln an der Blattunterseite. In ihnen bildet der Pilz Fortpflanzungszellen.

Gemeines Kreuzblümchen, Wiesen-Kreuzblume *Polygala vulgaris* Kreuzblümchengewächse *Polygalaceae*
Mai—Aug. 15—25 cm. — Beim Gemeinen Kreuzblümchen stehen die Blüten in einer lockeren, vielblütigen „Traube". Die Blütenstiele entspringen in den „Achseln" kleiner „Tragblätter". Von ähnlichen Arten der Gattung unterscheidet sich die Art durch die unteren Stengelblätter, die weder größer als die mittleren oder oberen sind noch in einer Rosette stehen. Die Blütenblätter sind meist blau, etwas seltener rot. Der wissenschaftliche Gattungsname „Polygala" kommt aus dem Griechischen und bedeutet „viel Milch". Im Altertum glaubte man, daß Rinder, die Kreuzblumen fressen, mehr Milch geben.

Rauhes Veilchen, Wiesenveilchen *Viola hirta* Veilchengewächse *Violaceae*
April—Mai. 3—10 cm. — Die meisten blau- bzw. violettblühenden Veilchen sehen für den, der sich als Neuling dem Kennenlernen der Pflanzen zuwendet, gleich aus. Dennoch unterscheidet man unter ihnen allein in Deutschland rund ein Dutzend Arten. Zugegebenermaßen sind die Unterschiede klein. Woran soll man also erkennen, ob ein Veilchen, das man gefunden hat, tatsächlich ein „Rauhes Veilchen" ist?: An den blattlosen Blütenstielen, die aus den Achseln der grundständigen Blätter entspringen; an den zumindest schwach, meist aber deutlich behaarten Blattstielen und an den ganzrandigen oder nur kurz gefransten Nebenblättern am Grund der Blattstiele. Wie bei den meisten Veilchen werden auch beim Rauhen Veilchen die Samen durch Ameisen verschleppt.

Echtes Labkraut

Echtes Labkraut, Gelbes Labkraut *Galium verum* Rötegewächse *Rubiaceae*
Juni—Okt. 15—60 cm. — Das Echte Labkraut besitzt, wie die meisten anderen Labkrautarten auch, „quirlständige" Blätter, d. h. mehrere Blätter sitzen auf derselben Höhe am Stengel. Trotzdem ist es an seiner reichblättrigen, endständigen Rispe kenntlich. Die kleinen, meist zitronen- bis goldgelben Blüten duften deutlich nach Honig. Sie sind eine vorzügliche Bienenweide. Früher wurde die Pflanze bei der Käseherstellung verwendet. Sie enthält nämlich in den Blättern geringe Mengen (1 mg/100 g Blattgewebe) Labferment, das die Milch zum Gerinnen bringt.

Grünland (Trockenrasen, Weiden, Wiesen)

Taubenkropf-Leimkraut

Taubenkropf-Leimkraut, Aufgeblasenes Leimkraut *Silene cucubalus* Nelkengewächse *Caryophyllaceae*
Juni—Aug. 20—50 cm. — Bestes Kennzeichen für das Taubenkropf-Leimkraut ist sein aufgeblasener, netzadriger Kelch. Die gegenständigen Blätter sind kahl. Wenn die Pflanze auf sehr trockenen Standorten steht, können sie einen bläulichen Wachsüberzug tragen. Das Taubenkropf-Leimkraut besitzt nektarreiche Blüten. Das süße Naß wird allerdings am äußersten Blütengrund abgesondert und ist daher nur Nachtschmetterlingen mit einem langen Rüssel leicht zugänglich. Gelegentlich sieht man jedoch auch Hummeln an den Blüten. Obschon die Länge ihres Rüssels auch ausreichen würde, den Nektar zu erlangen, so haben sie doch Schwierigkeiten, weil ihnen die Blüten des Taubenkropf-Leimkrautes keine guten Landeplatten bieten.

Gemeiner Hornklee, Wiesen-Hornklee *Lotus corniculatus* Schmetterlingsblütengewächse *Fabaceae (Leguminosae)*
Mai—Sept. 5—30 cm. — Der Gemeine Hornklee fehlt kaum einer Wiese. An dem doldigen, 3—6-blütigen Blütenstand („Köpfchen") und den meist über 1 cm langen Schmetterlingsblüten ist er gut kenntlich, zumal sie außen oft rötlich angelaufen sind. Die Blüten werden hauptsächlich von Bienen bestäubt. Die Samen reifen in geraden Hülsen. Auf sie bezieht sich der Gattungsname. Wenn die ausgetrockneten Hülsen aufspringen, rollen sich ihre Hälften ein und schleudern die Samen fort. Auf mageren, trockenen Böden ist der Hornklee gern gesehen, da er dort die Böden verbessert; denn wie andere Schmetterlingsblütengewächse enthält er in Knöllchen der Wurzel stickstoffbindende Bakterien („Knöllchenbakterien"). Eine solch enge „Lebensgemeinschaft" zum „gegenseitigen Nutzen" nennt man „Symbiose".

Gemeiner Wundklee *Anthyllis vulneraria* Schmetterlingsblütengewächse *Fabaceae (Leguminosae)*
Mai—Sept. 10—30 cm. — Von allen ähnlichen Schmetterlingsblütlern, die ihre großen Blüten in einem „Köpfchen" tragen, ist der Wundklee am leichtesten kenntlich, und zwar an dem auffällig großen Endblättchen seiner unpaarig gefiederten Blätter. Dies ist das beste Kennzeichen für ihn; denn hinsichtlich der Zahl und Größe seiner Blüten wurden viele Varianten beschrieben. Selbst die Blütenfarbe kann an manchen Standorten mehr oder minder stark ins Rötliche hinüberspielen. In früheren Jahrhunderten wurde der Wundklee als Mittel gegen schlecht heilende Wunden empfohlen. Heute wird er nicht mehr verwendet. Irgendwelche Inhaltsstoffe, die die Wundheilung beschleunigen könnten, hat man nicht gefunden.

Saat-Esparsette

Saat-Esparsette, Futter-Esparsette *Onobrychis viciaefolia* Schmetterlingsblütengewächse *Fabaceae (Leguminosae)*
Mai—Juli. 30—60 cm. — Die Saat-Esparsette wurde erst verhältnismäßig spät, nämlich zwischen dem 15. und 16. Jahrhundert, in Kultur genommen. Aus der Gegend von Lyon ist ihr Anbau urkundlich um 1550 belegt. Wiewohl die Esparsette ein eiweißreiches Futter liefert, ist ihr Anbau zugunsten anderer Schmetterlingsblütengewächse zurückgegangen. Auf mageren, kalkreichen Böden ist sie aber fast überall verwildert und neben ihren Wildrassen Bestandteil trockener Rasengesellschaften. Ihre Blüten sind sehr nektarreich. Dennoch müssen Bienen etwa 5 Millionen Esparsettenblüten befliegen, wenn sie 1 kg Honig eintragen wollen.

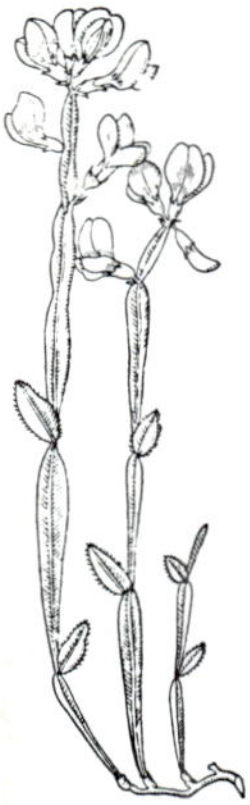

Flügel-Ginster

Grünland (Trockenrasen, Weiden, Wiesen)

Flügel-Ginster, Geflügelter Ginster, Pfeil-Ginster *Genista sagittalis* Schmetterlingsblütengewächse *Fabaceae (Leguminosae)*
Mai–Juni. 15–25 cm. – Der Flügel-Ginster ist vor allem seiner Stengel wegen bemerkenswert. An trockenen Standorten sind sie außerordentlich stark abgeflacht („geflügelt"). Fast gleichen sie Blättern. Da diese beim Pfeil-Ginster nur klein sind, übernehmen die abgeflachten Stengel den größten Teil der Photosynthese. An trockenen Standorten, an denen der Flügel-Ginster zumeist vorkommt, sind sie dazu hervorragend geeignet. Bei starker Bestrahlung vermögen sie sich mehr oder minder mit der Schmalseite der Sonne zuzuwenden. So nützen sie das einfallende Licht aufs beste aus, ohne von den Wärmestrahlen voll getroffen und dadurch zu hoher Wasserabgabe gezwungen zu werden. Die abgeflachte Stengelform ist keineswegs erblich fixiert. Kultiviert man den Pfeil-Ginster im Schatten und in feuchter Luft, so entwickelt er nahezu runde Stengel, die wesentlich reicher beblättert sind als bei Exemplaren von natürlichen Trockenstandorten.

Wilder Dost, Echter Dost, Wilder Majoran *Origanum vulgare* Lippenblütengewächse *Lamiaceae (Labiatae)*
Juli–Okt. 30–60 cm. – Beim Wilden Dost dienen nicht nur die Blüten dem Anlocken der bestäubenden Insekten – Bienen, Falter und Fliegen; deren Aufmerksamkeit dürfte außerdem von den zumeist kräftig rot überlaufenen Hochblättern erregt werden. Auf bewirtschafteten Trockenrasen ist der Dost weitgehend verschwunden, weil er Düngung nicht verträgt. In vielen Gegenden kommt er daher vorwiegend am Rande trockener Gebüsche vor. Da die Pflanze sich meist erst im Blütenstand verzweigt, wirkt sie von weitem auf den Beschauer fülliger als man den nur mittelgroßen Blüten zutrauen möchte. Auf diesen Effekt soll sich der Name „Dost" beziehen, den manche Sprachforscher von dem mittelhochdeutschen Wort „Doste" = Strauß ableiten. Der Wilde Dost enthält in reichem Maße ätherische Öle und riecht deshalb aromatisch.

Große Eberwurz, Stengellose Eberwurz, Silberdistel, Wetter-Distel *Carlina acaulis* Korbblütengewächse *Asteraceae (Compositae)*
Juni–Sept. 30–40 cm. – Auf kalkreichen Trockenrasen gehört die Große Eberwurz in vielen Teilen Deutschlands zu den auffälligsten Pflanzen. Allerdings fehlt sie im Norddeutschen Tiefland fast gänzlich. Früher wurde sie zu Dauersträußen vielfach gepflückt. Da man ihren Bestand nicht gefährden will, ist sie gesetzlich geschützt. Ihre silberweiß-glänzenden Hochblätter sind, wiewohl abgestorben, beweglich: Sie nehmen in feuchter Luft sehr leicht Wasser auf, verlieren es in trokkener ebenso schnell wieder, wobei sich Ober- und Unterseite verschieden dehnen bzw. zusammenziehen. Bei trockener Luft spreizen infolgedessen die Hüllblätter auseinander, bei feuchter neigen sie sich über dem Körbchen zusammen. Bei aufgespreizten Hüllblättern kann man die Probe aufs Exempel machen. Man braucht sie nur etwa 5–10mal kräftig zu behauchen, um erste Aufrichtebewegungen auszulösen.

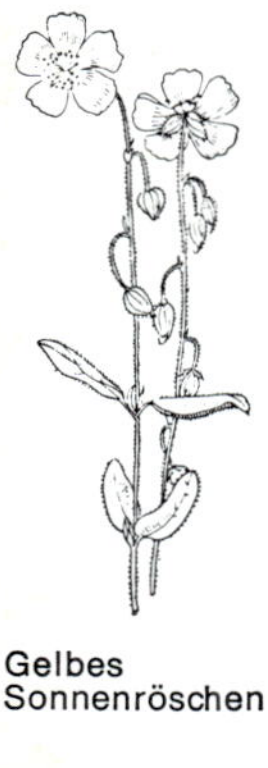

Gelbes Sonnenröschen

Gelbes Sonnenröschen *Helianthemum nummularium* Zistrosengewächse *Cistaceae*
Juni–Okt. 15–30 cm. – Das Gelbe Sonnenröschen kommt in mehreren Rassen in Deutschland vor, die sich in Form, Größe der Blätter und Blüten sowie durch verschiedene Standorte voneinander unterscheiden. Deutlich bevorzugt werden trockene Böden; doch siedelt sich das Gelbe Sonnenröschen auch auf austrocknenden Mooren an.

Grünland (Trockenrasen, Weiden, Wiesen)

Knolliger Hahnenfuß

Knolliger Hahnenfuß *Ranunculus bulbosus* Hahnenfußgewächse *Ranunculaceae*
Mai–Juli. 15–30 cm. – Unter den gelbblühenden, heimischen Hahnenfußarten ist der Knollige Hahnenfuß an seinen stengelabwärts umgeschlagenen Kelchblättern und an seiner Knolle wohl am leichtesten kenntlich. Bei ihr handelt es sich um den untersten Teil des Stengels, in dem Reservestoffe gespeichert werden. Der Knollige Hahnenfuß enthält die Giftstoffe Protoanemonin und Anemonin. Vom Vieh wird er gemieden. Zu Heu getrocknet verliert er jedoch seine Giftigkeit. Der Knollige Hahnenfuß bevorzugt trockene Standorte.

Karthäuser-Nelke, Echte Stein-Nelke *Dianthus carthusianorum* Nelkengewächse *Caryophyllaceae*
Juni–Sept. 15–50 cm. – Die Karthäuser-Nelke wurde nach den Gebrüdern J. und F. Karthäuser benannt, die in der 2. Hälfte des 18. Jahrhunderts lebten und sich als Botaniker einen Namen machten. Eine andere Deutung will wissen, Karthäusermönche hätten diese Pflanze bevorzugt in ihrem Klostergarten angebaut. An ihr kann man die für die Nelken typischen Merkmale besonders gut erkennen: Kreuzgegenständige, schmale Blätter, die am Grund zu einer scheidigen Röhre verwachsen sind. Von der Karthäuser-Nelke gibt es in Deutschland viele Rassen, die sich in der Größe der Blätter und Blüten unterscheiden.

Sand-Thymian, Feld-Thymian, Quendel *Thymus serpyllum* Lippenblütengewächse *Lamiaceae (Labiatae)*
Juli–Okt. 5–30 cm. – Wiewohl der Sand-Thymian seit alters als Heilpflanze verwendet wird, hat er als solche doch nie die Bedeutung erlangt wie der in den Mittelmeerländern heimische Gewöhnliche Thymian *(Thymus vulgare)*, dessen Blätter wesentlich reicher an ätherischen Ölen sind. Der Sand-Thymian kommt in Mitteleuropa in vielen Formen vor, zwischen denen jedoch zahlreiche Übergänge existieren. Oft findet man seine Polster auf Ameisennestern. Das deutet darauf hin, daß seine Samen von Ameisen verschleppt werden.

Kleines Habichtskraut, Langhaariges Habichtskraut *Hieracium pilosella* Korbblütengewächse *Asteraceae (Compositae)*
Mai–Okt. 8–30 cm. – Die Habichtskräuter gehören zu den am schwersten bestimmbaren Pflanzen unserer Flora. Von ihnen gibt es zahlreiche, äußerst ähnliche Arten und Rassen. Das hängt mit ihrer Vermehrungsweise zusammen. Üblicherweise entsteht ein Samen, nachdem ein „männlicher" Pollenschlauchkern mit einer „weiblichen" Eizelle in der Samenanlage verschmolzen ist. Auf diese Weise gibt es zwar immer Neukombinationen des Erbguts, doch wird gleichzeitig mit hoher Wahrscheinlichkeit dafür gesorgt, daß alle in einer Art vorhandenen Anlagen mehr oder minder gleichmäßig unter die Individuen verteilt werden. Weichen sie also äußerlich voneinander ab, so ist dies zufällig und vor allem in dieser Kombination in der Regel nicht erblich. Bei den Habichtskräutern entstehen die Samen indessen aus unbefruchteten Zellen, die in der Umgebung der Eizelle liegen. Tritt bei einer von ihnen eine Erbänderung auf, so wird sie konstant auf alle Nachkommen weitergegeben. Da Befruchtung fehlt, kann die geänderte Erbanlage nicht auf die übrigen Individuen der Art übertragen werden. Fortan unterscheiden sich alle Nachkommen der „mutierten" Pflanze von allen „gleichartigen" Habichtskräutern in dem Merkmal, das von der veränderten Erbanlage beeinflußt wird.

Kleines Habichtskraut

Bach-Nelkenwurz

Grünland (Wiesen, Trockenrasen, Weiden)

Sumpf-Dotterblume *Caltha palustris* Hahnenfußgewächse *Ranunculaceae*
März–Juni. 15–50 cm. – Die Sumpf-Dotterblume gehört mit ihren bis zu 4 cm großen, leuchtend gelben Blüten zu den auffälligsten Pflanzen, die im zeitigen Frühjahr an Ufern, auf feuchten Wiesen und gelegentlich auch auf nassen Wegen und in Bruchwäldern blühen. Ihre Samenverbreitung ist den Standorten angepaßt. Die Samen enthalten zahlreiche luftgefüllte Zwischenzellräume. Daher sind sie leicht und schwimmen. Die Blüten, genauer die zahlreichen Fruchtknoten, sondern reichlich Nektar ab, der unter Umständen in einem kleinen Tröpfchen in der Blütenmitte zusammenfließen kann. Die Sumpf-Dotterblume enthält giftiges Protoanemonin.

Bach-Nelkenwurz *Geum rivale* Rosengewächse *Rosaceae*
April–Juni. 30–50 cm. – Der Wurzelstock der Bach-Nelkenwurz duftet nach Nelkenöl. Hierauf und auf den feuchten Standort der Pflanze bezieht sich der deutsche Artname. Die Blüte ist nach Form und Färbung außerordentlich variabel: Gelegentlich sind die Blütenblätter fast gelblichweiß, manchmal kräftig rotgelb. Fast an jedem größeren Standort findet man Exemplare, bei denen die Blütenblätter „vergrünt" und gestielt sind und den Stengelblättern gleichen. Nicht allzu selten treten auch „durchwachsene" Blüten auf: Die meist mehr oder minder anomale Blüte sitzt dann über einem Quirl aus Blättern, die normalen Blütenblättern deutlich ähneln. Die Blüten werden in der Regel von Hummeln bestäubt, die die Blüten oft von oben anbeißen und so leichter an den Nektar gelangen.

Rote Nachtnelke, Rote Lichtnelke *Melandrium rubrum* Nelkengewächse *Caryophyllaceae*
April–Aug. 30–100 cm. – Der Name Rote „Nacht"nelke ist für diese Art eigentlich falsch; denn im Gegensatz zu den 3 übrigen mitteleuropäischen Arten der Gattung öffnet sie ihre Blüten am Tage. Sie wird von Tagfaltern und Hummeln bestäubt, die oft die Kelche aufbeißen, um so leichter an den tief in der Kronröhre geborgenen Nektar zu gelangen. Zu der duftigen Schönheit der Blüten trägt das weiße und manchmal auch rosa gefärbte „Krönchen" viel bei. Bei ihm handelt es sich um einen Auswuchs der Blütenblattstiele am Übergang zur radförmigen Krone.

Rote Nachtnelke

Wiesen-Schaumkraut *Cardamine pratensis* Kreuzblütengewächse *Brassicaceae (Cruciferae)*
April–Nov. 30–60 cm. – Beim Wiesen-Schaumkraut werden die Samen in Schoten gebildet, und zwar meist nur durch Fremdbestäubung. Eines der besten Mittel, diese zu sichern, wäre die Verschiedengriffeligkeit, wie sie bei der Wiesen- und Wald-Primel sowie beim Blut-Weiderich vorkommen. Untersucht man zahlreiche Exemplare des Wiesen-Schaumkrauts, so findet man nahezu 10%, die sich in der Griffellänge deutlich von den übrigen unterscheiden. Rund die Hälfte hat wesentlich kürzere, die andere längere Griffel als die Mehrzahl der Individuen. Eine Deutung geht dahin, das Wiesen-Schaumkraut befinde sich offensichtlich auf dem Wege zur Verschiedengriffeligkeit. Ist sie richtig, so wäre diese Art in einem höchst bemerkenswerten entwicklungsgeschichtlichen Zwischenstadium. – Häufig findet man in den Blattachseln des Wiesen-Schaumkrauts speichelartige Schaumklümpchen. Sie sind die Kinderstube der Schaumzirpe *(Philaenus spumarius).*

Grünland (Wiesen, Trockenrasen, Weiden)

Mehrjähriges Gänseblümchen

Mehrjähriges Gänseblümchen, Maßliebchen, Tausendschönchen *Bellis perennis* Korbblütengewächse *Asteraceae (Compositae)*
Febr.—Nov. 3—10 cm. — Das Mehrjährige Gänseblümchen ist eine der blühfreudigsten Pflanzen unserer heimischen Pflanzenwelt. Wenn sie genügend Licht erhält, blüht sie praktisch das ganze Jahr über. Ihre Blüten ertragen bei trockener Luft noch etwa —15° C, ohne daß sie ernstlich geschädigt werden. Selbst unter einer dünnen Schneedecke vermag sich das Blütenkörbchen zu entfalten. Sofern das Mehrjährige Gänseblümchen auf einer Mähwiese wächst, kann es etwa ab Mitte Mai keine Blütenknospen mehr anlegen, weil es zu sehr von Gräsern und anderen Kräutern überwuchert und beschattet wird. Erst nach der Mahd blüht es alsdann ein zweites Mal. Anders verhält es sich auf Rasen, die kurz geschoren werden oder auf Viehweiden. Hier steht das Mehrjährige Gänseblümchen fast das ganze Jahr in Blüte. Die Mahd schadet ihm nicht nur nicht, sondern schafft geradezu die Voraussetzung zum Blühen. Daher eignet sich das Mehrjährige Gänseblümchen vorzüglich als Blume in Zierrasen. Gerne pflanzt man hier Zuchtformen mit Körbchen, in denen die Scheibenblüten durch Zungenblüten ersetzt sind.

Wald-Primel, Wald-Schlüsselblume, Hohe Schlüsselblume *Primula elatior* Primelgewächse *Primulaceae*
März—Mai. 15—30 cm. — Der wissenschaftliche Gattungsname „*Primula*" bezieht sich auf die frühe Blütezeit gerade dieser Art. Nach längeren Föhnperioden hat man sie in mittleren Höhenlagen der Alpen sogar schon um Neujahr blühend angetroffen. Andererseits kommt sie in seltenen Fällen im Herbst nochmals zur Blüte. „Schlüsselblume" erklärt sich aus der Ähnlichkeit des Blütenstandes mit einem Schlüsselbart.

Wiesen-Primel, Wiesen-Schlüsselblume, Duftende Schlüsselblume *Primula veris (Primula officinalis)* Primelgewächse *Primulaceae*
März—April. 15—30 cm. — Bei der Wiesen-Primel kommt, wie bei den meisten anderen Arten der Gattung, „Heterostylie" vor. Darunter versteht man, daß ein Teil der Individuen einer Art lange Griffel und kurze Staubgefäße, der andere kurze Griffel und lange Staubgefäße hat. Bei der Wiesen-Primel macht jeder Typ etwa 50% des Gesamtbestandes aus. Bei den langgriffligen Individuen versperrt die Narbe den Eingang zur Blütenröhre; bei den kurzgriffligen bilden die Staubbeutel eine derartige Sperre. Durch diese Anordnung kann von den bestäubenden Insekten Blütenstaub nur von kurzen Staubgefäßen auf kurze Griffel und von langen Staubgefäßen auf lange Griffel übertragen werden. Mit anderen Worten: die Heterostylie sichert die Fremdbestäubung und macht Inzucht durch Selbstbefruchtung unmöglich.

Gamander-Ehrenpreis

Gamander-Ehrenpreis *Veronica chamaedrys* Braunwurzgewächse *Scrophulariaceae*
April—Juni. 15—30 cm. — Von den zahlreichen Ehrenpreis-Arten läßt sich der Gamander-Ehrenpreis am leichtesten erkennen. Bei ihm stehen die Haare am Stengel deutlich in zwei Reihen. Sowohl der wissenschaftliche als auch der deutsche Gattungsname lassen sich nicht stichhaltig erklären. Um so anschaulicher und einleuchtender sind einige der verbreitetsten Volksnamen. „Gänseäugelchen" (Sachsen) und „Katzeäugle" (Elsaß und alemannischer Sprachraum) sowie „cats-eye" beziehen sich deutlich auf die leuchtend blaue und durch ihre Aderung besonders lebendige Blüte. „Männertreu" hingegen spielt in ironischer Weise auf die leicht abfallenden Blüten an.

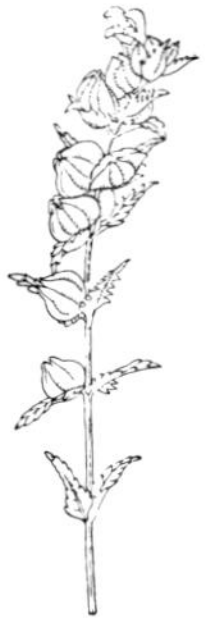

Kleiner Klappertopf

Grünland (Wiesen, Trockenrasen, Weiden)

Kleiner Klappertopf *Rhinanthus minor* Braunwurzgewächse *Scrophulariaceae*
Mai—Juli. 15—40 cm. — Die Klappertöpfe haben ihren Namen davon, daß die Samen nach der Reife bei Wind vernehmlich in den Kapseln klappern. Von den anderen Arten der Gattung unterscheidet sich der Kleine Klappertopf durch die gerade Blütenröhre, die höchstens so lang wie der aufgeblasene Kelch wird. Der Kleine Klappertopf ist wie seine Verwandten ein Halbschmarotzer.

Rot-Klee, Wiesen-Klee *Trifolium pratense* Schmetterlingsblütengewächse *Fabaceae (Leguminosae)*
Juni—Okt. 15—30 cm. — Der Rot-Klee ist nicht zuletzt dank seiner Kultivierung gerade hinsichtlich der Blütenfärbung ziemlich veränderlich. Neben Individuen mit fleischroten Blüten finden sich — wenn auch seltener — solche mit leicht violetten, rosafarbenen, ja sogar gelblichweißen Blüten. Von den anderen Arten der Gattung unterscheidet sich der Rot-Klee durch den 10-nervigen, behaarten Kelch, der halb so lang ist wie die Blütenblätter. Am Ende jeden Stengels stehen meist 2 Blütenköpfe, die jedoch nacheinander aufblühen. Der Rot-Klee wird in Deutschland seit dem 11. Jahrhundert als Futterpflanze angebaut. Unter diesen schreibt man ihm dieselbe Bedeutung zu wie dem Weizen unter den Getreiden. Wirklich durchgesetzt hat sich der Rot-Kleeanbau jedoch erst im 18. Jahrhundert, als die Beweidung der Brache in der damaligen Dreifelderwirtschaft immer mehr zurückging. An ihre Stelle trat im Sommer die Stallfütterung mit Rot-Klee. Besondere Verdienste um die allgemeine Einführung des Rot-Kleeanbaues machte sich J. C. Schubart aus Würschnitz bei Zeitz/Sachsen, der dafür im Jahre 1780 von Josef II. als „Edler von Kleefeld" geadelt wurde.

Kuckucks-Lichtnelke, Kranzrade *Lychnis flos-cuculi* Nelkengewächse *Caryophyllaceae*
April—Juli. 30—70 cm. — Die Kuckucks-Lichtnelke hat ihren Namen vom „Kuckucks-Speichel", kleinen Schaumklümpchen, die man häufig am Stengel dieser Pflanze findet. Das Wort „Kuckuck" wurde im Mittelalter in der Bedeutung von Tor, Narr gebraucht und sollte wohl auf die „Widernatürlichkeit" dieser Schaumklümpchen hinweisen. Ihr Auftreten erklärt sich indessen ganz natürlich. Sie werden von einer Larve der Schaumzikade *(Philaenus spumarius)* erzeugt. Diese bohrt die „Siebröhren" der Kuckucks-Lichtnelke an, in denen organische Stoffwechselprodukte, vor allem Kohlenhydrate und in geringen Mengen auch Eiweiße von den Blättern in die Wurzeln befördert werden. Da die Larve relativ viel Eiweiß zum Leben braucht, muß sie mehr Kohlenhydrate aufnehmen als sie verwerten kann. Daher scheidet sie diese zusammen mit anderen Abfallstoffen in zähflüssiger Form ab. Durch Atemgase wird diese kohlenhydrathaltige, schleimige Flüssigkeit schaumig aufgetrieben.

Scharfer Hahnenfuß

Scharfer Hahnenfuß *Ranunculus acer* Hahnenfußgewächse *Ranunculaceae*
Mai—Aug. 30—100 cm. — Der Scharfe Hahnenfuß verdankt seinen Namen dem scharf schmeckenden Gift Anemonin. Frisch wird er vom Vieh verschmäht, weshalb er in Inseln auf beweideten Wiesen stehen bleibt und hier — sofern er sonst gute Wuchsbedingungen vorfindet — mit der Zeit außerordentlich überhand nehmen kann. Durch den Trokkenprozeß bei der Heubereitung verliert er seine Giftigkeit.

Grünland (Wiesen, Trockenrasen, Weiden)

Wiesen-Kerbel

Wiesen-Kerbel *Anthriscus sylvestris* Dolden-Gewächse *Apiaceae (Umbelliferae)*
April—Aug. 70—130 cm. — Der Wiesen-Kerbel tritt auf stickstoffüberdüngten Wiesen oft massenweise auf. Durch seine sparrigen Stengel, seine in die Lücken schießenden Blätter und seine hervorragenden Blütenstände unterdrückt er Gräser und wertvollere Futterkräuter. Zur Zeit des Wiesenschnitts ist er zumeist überreif; seine Stengel sind verholzt und zäh. Grün geschnitten wird er vom Vieh verschmäht, und auch als Heu getrocknet liefert er nährstoffarmes Futter. Er läßt sich kurz halten oder sogar ganz aus den Wiesen vertreiben, wenn man diese im Herbst mit Phosphat düngt.

Wiesen-Bocksbart *Tragopogon pratensis* Korbblütengewächse *Asteraceae (Compositae)*
Mai—Juli. 30—60 cm. — Unmittelbar nach dem Verblühen ragen beim Wiesen-Bocksbart die Samenhaare in schmalem Büschel aus den Hüllblättern des Körbchens. Hierauf und auf den Standort bezieht sich der deutsche und der wissenschaftliche Artname (griech. *tragos* = Bock; *pogon* = Bart). Bemerkenswert an dieser Pflanze sind die Öffnungs- und Schließbewegungen des Köpfchens. Die randlichen Zungenblüten und die Hüllblätter des Körbchens reagieren auf Lichtreize. Morgens gegen 8 Uhr öffnen sie sich. Bei einer Rasse schließen sie sich bereits wieder gegen 11 Uhr, bei einer anderen gegen 14 Uhr. Auch andere Pflanzen (z. B. die Wegwarte, die Weiße Nachtnelke) zeigen eine solche „photonastische" Empfindlichkeit, allerdings nicht im selben zeitlichen Rhythmus. Der große schwedische Botaniker C. v. LINNÉ hat deswegen den Versuch gemacht, eine „Blumenuhr" zusammenzustellen, bei der die Stunden durch Öffnungs- und Schließzeiten verschiedener Pflanzen markiert werden.

Gemeine Kuhblume, Gemeiner Löwenzahn *Taraxacum officinale* Korbblütengewächse *Asteraceae (Compositae)*
April—Juni. 10—60 cm. — Diese Pflanze braucht nicht vorgestellt zu werden; denn jedermann kennt sie, wenngleich auch unter verschiedenen Namen. Junge Blätter der Pflanze werden gelegentlich als Wildsalat zubereitet; alte schmecken bitter. Die Gemeine Kuhblume wurde früher als Heilpflanze verwendet. Beschrieben wurde eine wassertreibende Wirkung, allerdings auch Vergiftungen. Beides soll angeblich durch den Bitterstoff verursacht werden, der indessen chemisch noch nicht sicher bekannt ist.

Weiße Wucherblume

Weiße Wucherblume, Gemeine Wucherblume, Orakelblume, Marguerite *Chrysanthemum leucanthemum* Korbblütengewächse *Asteraceae (Compositae)*
Mai—Okt. 30—60 cm. — Auf frisch angelegten Fettwiesen und in lückigen Kleefeldern tritt die Weiße Wucherblume oft massenweise auf. Hier kann sie gelegentlich bis zu $^1/_6$ des Heuertrags ausmachen. Das Bild einer derart blumenübersäten Wiese mag zwar für das Auge höchst erfreulich sein; vom Standpunkt der Grünlandnutzung ist die Weiße Wucherblume ein lästiges Unkraut. In gepflegten, gut und ausgewogen gedüngten Fettwiesen ist sie deshalb in den letzten Jahrzehnten deutlich zurückgegangen. Obwohl ihre Früchtchen keine Flughaare besitzen, erfolgt ihre Verbreitung wahrscheinlich in erster Linie durch den Wind, der die trockenen, fruchttragenden Stiele hin und her schaukelt.

Grünland (Wiesen, Trockenrasen, Weiden)

Wiesen-Labkraut

Wiesen-Labkraut, Gemeines Labkraut *Galium mollugo* Rötegewächse *Rubiaceae*
Mai—Aug. 30—60 cm. — Das Wiesen-Labkraut kommt bei uns in verschiedenen Rassen und an verschiedenen Standorten vor. Am häufigsten ist es in trockeneren Fettwiesen und an Wegrainen, wo es gelegentlich durch seine weißen „Blütenwolken" schon von weitem auffällt. Sein Futterwert ist gering. Auch als Bienenweide spielt es keine Rolle. Seine Blüten werden vornehmlich von Fliegen bestäubt. Im Gegensatz zum Echten Labkraut (s. S. 30) enthält das Wiesen-Labkraut kein Labenzym. Dagegen wurde es früher in der Heilkunde verwendet. Inhaltstoffe, die eine solche Verwendung rechtfertigen, sind nicht aufgefunden worden.

Kleine Braunelle, Gemeine Braunelle *Prunella vulgaris* Lippenblütengewächse *Lamiaceae (Labiatae)*
Mai—Okt. 20—60 cm. — Ursprünglich wohl nur in Europa zu Hause, ist die Kleine Braunelle heute Bewohnerin aller Erdteile. In ihren Standortansprüchen ist sie nicht wählerisch; sie gedeiht auf Waldwegen und auf Kahlschlägen ebenso wie in Mähwiesen und auf Magerrasen. Ihre Blüten werden vorzugsweise durch Hummeln bestäubt. Nachdem die Blütenkronen abgefallen sind, schließen sich die Kelche bis zur Fruchtreife. Bei feuchtem Wetter quellen die reifen Nüßchen und schieben sich so aus den schützenden Kelchen. Die Fruchtstände bleiben bis in den Winter hinein stehen und enthalten selbst dann noch gelegentlich Samen.

Gemeiner Frauenmantel, Wiesen-Frauenmantel *Alchemilla vulgaris* Rosengewächse *Rosaceae*
Mai—Okt. 15—50 cm. — Wie beim Kleinen Habichtskraut entstehen beim Gemeinen Frauenmantel die Samen ohne Befruchtung. Eine der Eizelle benachbarte Zelle wächst zu einem embryonalen Pflänzchen heran. Mutierte Erbanlagen können also nicht durch Kreuzung an andere Frauenmantelindividuen weitergegeben werden. Deshalb gibt es zahlreiche Rassen, die sich mehr oder minder stark voneinander unterscheiden. Der Name „Frauenmantel" bezieht sich auf die Blattform, die an einen überwurfartigen Mantel erinnert. An den Blattzähnen befinden sich Spalten, aus denen in feuchten Nächten Wasser ausgeschieden wird. Gelegentlich hängt es wie ein Perlensaum am Blattrand, sammelt sich aber bei reichlicher Ausscheidung in einem großen Tropfen in der Blattmitte.

Rundblättrige Glockenblume

Rundblättrige Glockenblume *Campanula rotundifolia* Glockenblumengewächse *Campanulaceae*
Juni—Sept. 15—50 cm. — Der Name dieser Pflanze bezieht sich auf die Form der Grundblätter. Meist sind diese an der ausgewachsenen Pflanze verwelkt. Da die Stengelblätter ausgesprochen schmal-lanzettlich sind, kann man an der Richtigkeit der Bestimmung zweifeln, geht man nur vom Artnamen aus. Die Pflanze ist jedoch an ihren glockigen, meist nickenden Blüten, dem unten unbehaarten Stengel und den ganzrandigen Blättern gut kenntlich. Arten, mit denen sie verwechselt werden könnte, kommen nur in den höheren Lagen der Mittelgebirge und in den Alpen vor. Die häufigste von ihnen ist die Kleine Glockenblume, *Campanula cochleariifolia.* Ihre Blüten sind fast ebenso breit wie lang, hellblau und nur einzeln oder zu wenigen am Stengel. Zahlreiche Triebe dieser Pflanze entwickeln überhaupt keine Blütenstengel.

Pfennig-Gilbweiderich

Grünland (Wiesen, Trockenrasen, Weiden)

Kriech-Günsel, Kriechender Günsel *Ajuga reptans* Lippenblütengewächse *Lamiaceae (Labiatae)*
Mai–Juni. 15–30 cm. – Bei den Günsel-Arten ist die „Oberlippe" der Blüte so wenig ausgebildet, daß der Ungeübte die typische „Lippenblüte" auf Anhieb meist nicht erkennt. Beim Kriech-Günsel kann man die vegetative Vermehrung durch oberirdische Ausläufer besonders gut beobachten. Seine Samen werden von Ameisen verschleppt. Daher tritt er auf Ameisennestern oft truppweise auf. Gelegentlich beobachtet man beim Kriechenden Günsel rosa- bzw. weißblühende Exemplare.

Pfennig-Gilbweiderich, Pfennigkraut, Rundblättriger Gilbweiderich *Lysimachia nummularia* Primelgewächse *Primulaceae*
Juni–Juli. 5–30 cm. – Der Pfennig-Gilbweiderich ist an seinen rundlichen, stets ungespitzten Blättern, die ihm den Namen eingetragen haben, gut kenntlich. Er bevorzugt feuchte, stickstoffreiche Standorte. An ihnen kriecht er in langen, verzweigten Sprossen über die Erde. An den Blattansätzen schlagen Wurzeln aus, die die Seitenzweige verankern und sie mit Wasser und Nährsalzen versorgen. Stirbt der Hauptzweig ab, so ist eine neue, selbständige Pflanze entstanden. Diese Art der Vermehrung spielt beim Pfennig-Gilbweiderich offensichtlich die Hauptrolle. Früchte werden nur sehr selten gebildet.

Wiesen-Flockenblume, Gemeine Flockenblume *Centaurea jacea* Korbblütengewächse *Asteraceae (Compositae)*
Juni–Okt. 30–100 cm. – Die Wiesen-Flockenblume ist an ihren ungeteilten Stengelblättern gut kenntlich. Die großen, randständigen „Röhrenblüten" sind unfruchtbar; als „Schauapparat" locken sie Insekten an. Bienen, Hummeln und Schmetterlinge befliegen die Blütenköpfchen häufig. In hochwüchsigen Fettwiesen ist die Wiesen-Flockenblume langstengelig. Auf Weiden findet man häufig niederwüchsige Exemplare mit bogig aufsteigendem Stengel.

Wiesen-Storchschnabel *Geranium pratense* Storchschnabel-Gewächse *Geraniaceae*
Juni–Sept. 30–60 cm. – Die Storchschnabel-Arten verdanken ihren Namen den Früchten. Die 5 Fruchtblätter sind sehr lang und an den Innenkanten miteinander zu einem schnabelartigen Gebilde verwachsen. Jedes Fruchtblatt trägt am Grund ein Samenkorn. Bei der Reife lösen sich die Außenseiten der Fruchtblätter von den zusammengewachsenen Innenseiten schlagartig ab; sie rollen sich nach oben auf; meist schleudern sie dabei den an der Basis sitzenden Samen ab. Bei Sonnenschein steht die Achse der Blüten beim Wiesen-Storchschnabel waagrecht. Nachts und bei Regen nicken die Blüten. Die Blütenblätter neigen sich dann glockig zusammen. Bei dieser Art kommen gelegentlich auch weiße oder gefüllte Blüten vor. Diese weißen, gefüllten Blüten vor allem machten den Wiesen-Storchschnabel in früheren Jahrhunderten zur gern gesehenen Zierpflanze. Indessen zeigte er gutes Wachstum nur auf schwereren und etwas feuchten Böden. In feuchten, guten Mähwiesen kommt er am häufisten vor, besiedelt aber auch grasige Wegeinfassungen, sofern er dort tiefgründigen, nährstoffreichen Boden vorfindet. In vielen Gegenden Deutschlands prägt der Wiesen-Storchschnabel mit seinen blauen Blüten eindeutig das Bild der Wiesen, besonders im Spätsommer kurz vor der zweiten Mahd. In anderen – so z. B. im Norddeutschen Tiefland – ist er dagegen ziemlich selten und an manchen Stellen wohl nur aus der Kultur verwildert.

Wiesen-Flockenblume

Grünland (Wiesen, Trockenrasen, Weiden)

Acker-Witwenblume

Acker-Witwenblume, Acker-Skabiose *Knautia arvensis* Kardengewächse *Dipsacaceae*
Juli–Aug. 30–70 cm. – Skabiosen und Witwenblumen wurden früher von den Botanikern gelegentlich in eine Gattung gestellt. Heute trennt man beide. Doch sind die Gattungen schwer voneinander zu unterscheiden. Die Witwenblumen haben auf dem Boden des Blütenkörbchens keine spelzenartigen Spreublätter. Die Blüten sind vierzipfelig, die äußeren meist deutlich größer als die inneren. Bei der Acker-Witwenblume ist der Stengel unterhalb des Blütenkörbchens abstehend behaart. Die Blüten werden gerne von Bienen und Schmetterlingen beflogen. Früher wurde die Acker-Witwenblume als Heilpflanze genutzt. Sie enthält Gerbstoffe und einen Bitterstoff.

Kohl-Kratzdistel, Kohldistel *Cirsium oleraceum* Korbblütengewächse *Asteraceae (Compositae)*
Juli–Sept. 50–150 cm. – Die Kohl-Kratzdistel wurde früher angeblich vor allem in Osteuropa als Wildgemüse gegessen. Dies erscheint einigermaßen verwunderlich; denn die Kohl-Kratzdistel enthält ziemlich viel Wasser (über 80%) und nur wenige verdauliche Nährstoffe. Tatsächlich wird sie selbst vom Vieh nicht gerne gefressen. Allerdings fällt sie bei der ersten Mahd kaum ins Gewicht. Erst im „Öhmd" der feuchten Wiesen erreicht sie nennenswerten Anteil. Wo sie in größeren Beständen auftritt, ist sie ein untrüglicher Nässezeiger. Ihre Blüten werden hauptsächlich von Hummeln, Schmetterlingen und Bienen beflogen. Ohrwürmer und Spinnen, die man gelegentlich in der Hochblatthülle findet, suchen dort nur Unterschlupf. Als Bestäuber kommen sie nicht in Frage.

Weiß-Klee, Lämmer-Klee, Kriechender Klee *Trifolium repens* Schmetterlingsblütengewächse *Fabaceae (Leguminosae)*
Mai–Sept. 20–50 cm. – Der Weiß-Klee ist auf Wiesen und Wegen, ja selbst auf Äckern zu Hause. Da er wenig trittempfindlich ist, den Boden bedeckt und Rasenschnitt gut erträgt, bringt man ihn vielfach in stark begangenen Zierrasen ein. Auch spontan tritt er hier häufig auf, vor allem, wenn die Gräser nur lückig wachsen. Dann macht er ihnen ernstlich Konkurrenz. Er breitet sich vor allem in Trockenzeiten aus, da er mit seinen tiefreichenden Wurzeln dem Boden noch Wasser entnehmen kann, wenn die Gräser schon dürr werden. Seine Blüten sind honigreich; sie werden stark von Bienen beflogen. Deswegen sieht man ihn in Freibad-Rasen weniger gern.

Herbst-Zeitlose, Zeitlose *Colchicum autumnale* Liliengewächse *Liliaceae*
Aug.–Okt. 5–20 cm. – Bei der Herbst-Zeitlose werden die Eizellen in den Samenanlagen im Herbst befruchtet. Zum Samen reifen sie aber erst im nächsten Frühsommer heran. Der Fruchtknoten der Herbst-Zeitlosen steht nämlich fast handtief unter der Erde. Erst im nächsten Frühjahr wird er, zusammen mit den großen, tulpenartigen Laubblättern, über den Boden gehoben. Die Herbst-Zeitlose bevorzugt feuchte Standorte. Auf Mähwiesen ist sie unerwünscht. Sie enthält ein sehr giftiges Alkaloid (Colchicin), das auch bei der Heutrocknung nicht zerstört wird. Glücklicherweise ist es in den Blättern in wesentlich geringerer Konzentration enthalten als in den Samen und in der Blüte. Colchicin wird in der Zellforschung benutzt, da es die Zellteilung hemmt.

Weiß-Klee

Wald

Busch-Windröschen

Busch-Windröschen, Weiße Osterblume *Anemone nemorosa* Hahnenfußgewächse *Ranunculaceae*
März—April. 15—25 cm. — Beim Busch-Windröschen erscheinen — je nach Schneelage — die Blätter Ende Februar; im ersten Märzdrittel beginnt es schon zu blühen. Die Blüte hält an, bis sich die Blätter der Waldbäume entfalten. Im Juli, manchmal auch schon im Juni, beginnen die Blätter des Busch-Windröschens zu vergilben. Dann lebt nur noch der unterirdische Wurzelstock weiter. In ihm werden bis zum nächsten Frühjahr all die Nährstoffe gespeichert, die in den wenigen Monaten der Vegetationsperiode von den Blättern gebildet wurden und die das frühe Austreiben ermöglichen. Fast an allen größeren Standorten findet man Exemplare mit mehr (seltener mit weniger) als 6 Blütenblättern. Auch die Färbung der Blütenblätter ist außerordentlich verschieden. Inwieweit Umweltsbedingungen (z. B. Temperaturschwankungen während bestimmter Phasen der Knospenentwicklung) oder aber erbliche Veranlagung die unterschiedliche Blütenfärbung verursachen, scheint nicht eingehend untersucht zu sein.

Gelbes Windröschen *Anemone ranunculoides* Hahnenfußgewächse *Ranunculaceae*
März—April. 15—30 cm. — Das Gelbe Windröschen ist wesentlich seltener als das Busch-Windröschen, obwohl es an seinen Standorten manchmal in größeren Beständen vorkommt. Es liebt lockeren, mullreichen und kalkigen Boden mit guter Grundwasserführung. Aus der Hochblatthülle entspringen häufig 2 Blüten; auch Blütenstände mit 3—5 Blüten wurden vereinzelt beobachtet. Außer den Hochblättern trägt der Blütenstiel keine Blätter. Gelegentlich treiben aus dem Wurzelstock dreiteilige „Grundblätter" aus. Die Pflanze enhält Anemonin und ist deshalb schwach giftig.

Frühlings-Scharbockskraut, Feigwurz *Ficaria verna* Hahnenfußgewächse *Ranunculaceae*
März—Mai. 5—15 cm. — „Scharbock" ist eine andere Bezeichnung für Skorbut, eine Vitamin-C-Mangelerkrankung, die früher, als ihre Ursachen nicht bekannt waren, nach langen Wintern, in denen kaum Vitamin-C-haltige Kost zu beschaffen war, epidemisch auftrat. Als Heilmittel gegen den Skorbut ist das Scharbockskraut schon lange bekannt. Es gehört zum ersten Grün (grüne Pflanzenteile und Obst enthalten oft Vitamin C), aber das Scharbockskraut enthält in den jungen Blättern in der Tat sehr reichlich Vitamin C. Allerdings ist der Genuß der Pflanze nicht unbedenklich. Vor allem in alten Blättern reichern sich die Gifte Anemonin und Protoanemonin an. Sie schmecken dann im Gegensatz zu ganz jungen Pflanzen brennend scharf.

Frühlings-Scharbockskraut

Berg-Platterbse *Lathyrus montanus* Schmetterlingsblütengewächse *Fabaceae (Leguminosae)*
April-Juni. 15—40 cm. — Die Berg-Platterbse bevorzugt kalkarme, lehmige oder sandige Böden. Am ehesten sagen ihr Waldstandorte zu, doch geht sie auch auf Magerrasen über. Von ihrem knolligen Wurzelstock entspringen meist mehrere Stengel, die zunächst am Boden kriechen, dann aber bogig aufsteigen. Der Stengel trägt zwei deutliche Längsleisten: er ist „geflügelt". Früher sollen die Knollen gegessen bzw. als Volksmedizin gebraucht worden sein. Über Inhaltsstoffe, die eine arzneiliche Verwendung rechtfertigen könnten, ist jedoch nichts bekannt geworden.

Bären-Lauch

Wald

Bären-Lauch *Allium ursinum* Liliengewächse *Liliaceae*
April—Juni. 15—30 cm. — Von den einheimischen Lauch-Arten ist der Bären-Lauch der einzige mit breiten Blättern. In feuchten Wäldern mit mullreichen Böden bildet er oft dichte Bestände, auf die man wegen des penetranten Knoblauchgeruchs schon von weitem aufmerksam wird. Wie der Knoblauch, mit dem der Bären-Lauch nahe verwandt ist, enthält er ätherisches Öl mit schwefelhaltigen Geruchsstoffen. Die arzneiliche Wirkung soll ähnlich wie beim Knoblauchöl sein. Deswegen wurde der Bären-Lauch früher zuweilen in der Volksmedizin als Knoblauchersatz verwendet.

Gold-Taubnessel *Lamium galeobdolon* Lippenblütengewächse *Lamiaceae (Labiatae)*
Mai—Juni. 15—50 cm. — Die Gold-Taubnessel besitzt auf ihrer „Unterlippe" braune Saftmale. Meist verlaufen auf dem „Mittellappen" der „Unterlippe" 3 mehr oder minder ausgebuchtete Längslinien; ihre Architektur ist jedoch nicht bis in die feinsten Einzelheiten erblich festgelegt; man erkennt dies an den kleinen Verschiedenheiten, die die Blüten an ein- und derselben Pflanze zeigen. Die Gold-Taubnessel bildet vor allem im Schatten Ausläufer, die häufig den Winter unverwelkt überstehen. Deswegen wird sie neuerdings als Parkpflanze zur Bodenbedeckung unter Sträuchern und Bäumen gepflanzt. Gerne verwendet man hierzu Individuen, bei denen sich die Blattoberhaut von dem darunter liegenden Blattgewebe abhebt. Diese Stellen reflektieren das Licht und sehen infolgedessen weiß aus.

Vierblättrige Einbeere *Paris quadrifolia* Liliengewächse *Liliaceae*
Mai—Juni. 15—30 cm. — Der Name dieser merkwürdig aussehenden Pflanze bezieht sich auf eine griechische Sage. Nach ihr soll der junge PARIS von den Göttinnen HERA, PALLAS ATHENE und APHRODITE aufgefordert worden sein, der schönsten von ihnen den Eris-Apfel zu überreichen. Die Blätter sollen die Personen, die Beere den Eris-Apfel darstellen. Die Vierblättrige Einbeere ist giftig. Obwohl sie weder durch Färbung noch durch Geruch Insekten anzuziehen vermag, wird sie ziemlich häufig von kleinen Aasfliegen beflogen. Wahrscheinlich halten sie den glänzenden Fruchtknoten für einen Flüssigkeitstropfen (Fliegentäuschblume).

Echte Nelkenwurz

Echte Nelkenwurz, Benediktenkraut *Geum urbanum* Rosengewächse *Rosaceae*
Juni—Okt. 25—50 cm. — Die Echte Nelkenwurz enthält im Wurzelstock das schwach giftige ätherische Öl Eugenol, das nach Gewürznelken riecht. An deren Stelle wurde es früher gelegentlich als Aromatikum benutzt. Die Früchte der Echten Nelkenwurz werden vom Wild verschleppt. Der verdorrte Griffel, der etwa 1 cm lang ist, ist borstig behaart und an der Spitze hakig gekrümmt. Wenn die Früchtchen reif sind, sitzen sie nur noch locker im Blütenboden. Berührt dann ein Tier die Pflanze, verhaken sich die Griffel im Fell. Deswegen findet man die Echte Nelkenwurz gelegentlich gehäuft auf Waldlichtungen, die vom Wild als Lager benutzt werden. Sie wächst aber auch auf Schuttplätzen, an Zäunen, Mauern und Dorfrändern. Als Verbreiter kommen hier neben dem Wind, der sicher nicht die Hauptrolle spielt, in erster Linie kleine Haustiere, vor allem Hunde und Katzen, vielleicht aber auch Ratten oder Vögel in Betracht. Eingehende Untersuchungen hierüber fehlen jedoch.

Vielblütige Weißwurz

Wald

Maiglöckchen, Maiblume *Convallaria majalis* Liliengewächse *Liliaceae*
Mai—Juni. 15—25 cm. — Diese Pflanze braucht nicht mehr vorgestellt zu werden. Auf mullhaltigen und nicht zu nährstoffreichen Waldböden bildet sie meist ausgedehnte Bestände. Durch das Nicken der Blüten wird der Pollen vor Nässe geschützt. Die bestäubenden Insekten werden vor allem durch den starken Duft angelockt. Seit langem bekannt ist auch die Giftigkeit des Maiglöckchens. Seine Inhaltsstoffe stehen denen des Fingerhuts nahe. Der Giftgehalt ist in der Blüte am größten, doch enthalten auch die Blätter und die roten Beeren Giftstoff. Läßt man Maiglöckchen längere Zeit in einer Vase stehen, kann ein Teil des Giftes vom Wasser herausgelöst werden.

Vielblütige Weißwurz, Vielblütiger Salomonssiegel *Polygonatum multiflorum* Liliengewächse *Liliaceae*
Mai—Juni. 30—60 cm. — Die Wurzelstöcke der Salomonssiegel-Arten leben 10—20 Jahre. Jedes Jahr treiben sie im zeitigen Frühjahr einen blätter- und blütentragenden Sproß mit spitzer Knospe über die Erde, der zunächst günstige Lichtverhältnisse vorfindet, im Hochsommer indessen wieder abstirbt. Am Wurzelstock verbleiben dann mehr oder minder rundliche Narben, auf die sich der Name „Salomonssiegel" bezieht. Von der nahe verwandten, aber selteneren Gemeinen Weißwurz unterscheidet sich die Vielblütige Weißwurz durch den runden Stengel. Wie das Maiglöckchen, mit dem die Vielblütige Weißwurz ebenfalls verwandt ist, enthält sie giftige Digitalisglycoside.

Wald-Erdbeere *Fragaria vesca* Rosengewächse *Rosaceae*
Mai—Juni. 8—15 cm. — Nicht alles, was man auf den ersten Blick für die Wald-Erdbeere hält, gehört tatsächlich zu dieser Art. Bei der Wald-Erdbeere sind die Blütenstiele angedrückt behaart und die Blattoberseite ist nicht seidig behaart. Die „Beere" schmeckt gut, wenn auch nicht so würzig wie bei der selteneren Zimt-Erdbeere, bei der die Haare am Blütenstiel waagrecht abstehen. Die „Beere" der Knack-Erdbeere, die trockenere Standorte bevorzugt und an ihren seidig behaarten Blättern kenntlich ist, schmeckt fad. Im botanischen Sinne handelt es sich bei der „Frucht" nicht um eine „Beere". Früchte sind vielmehr die kleinen Körnchen (Nüßchen), die dem fleischigen Blütenboden aufsitzen. Obwohl es auch die Gartenformen der Wald-Erdbeere gibt (z. B. var. *semperflorens* = Monats-Erdbeere), sind die Stammeltern der Garten-Erdbeere hauptsächlich zwei amerikanische Arten: *Fragaria chiloensis* und *Fragaria virginiana. Fragaria virginiana* wurde um 1620, *Fragaria chiloensis* 1712 nach Europa gebracht. Die Vielzahl von Rassen, die es heute gibt, erklärt sich u. a. aus der Bastard-Herkunft der Art.

Wald-Erdbeere

Waldmeister *Asperula odorata* Rötegewächse *Rubiaceae*
Mai—Juni. 10—30 cm. — Wer Bowlen liebt, kennt den Waldmeister. Schon im 9. Jahrhundert soll er, einer überkommenen Niederschrift eines Benediktinermönches zufolge, zur Bereitung eines „Maitranks" verwendet worden sein, und er wird es noch heute, und zwar wegen der aromatisierenden Wirkung des Cumarins, das er enthält. Cumarin ist jedoch ein schwaches Gift. Setzt man die Bowle mit zu viel Waldmeisterblättern an, dann kann sie Kopfschmerzen, Schwindel und Erbrechen verursachen. Wo der Waldmeister bestandsbildend auftritt, zeigt er nährstoffreichen, lockeren Laubboden an. Magere Waldböden meidet er.

Wald

Aufrechtes Fingerkraut

Wald-Sauerklee, Hain-Sauerklee *Oxalis acetosella* Sauerkleegewächse *Oxalidaceae*
April—Mai. 8—15 cm. — Der Wald-Sauerklee ist eine ausgesprochene Schattenpflanze. Er vermag noch zu überleben, wenn er rund 1,5% des normalen Tageslichts bekommt. Schon bei 10% der Tageshelligkeit erreichen seine Blätter die volle Assimilationsleistung. Stärkere Belichtung schadet der Pflanze. Dauert sie nur kurze Zeit, so schützt sich die Pflanze, indem sie die Teilblättchen senkt. Langdauerndes volles Sonnenlicht führt zum Absterben der Pflanze. Die Samen des Wald-Sauerklees werden bei der Reife durch ein Spannungsgewebe aus den Fruchtfächern herausgedrückt und mehrere Dezimeter in die Umgebung geschleudert. Im Blatt enthält die Pflanze sauerschmeckende Oxalate; hierauf und auf die kleeähnlichen Blätter bezieht sich der Name. Die Blätter sind eßbar und stillen den Durst. Größere Mengen sind hingegen gesundheitsschädlich. Nierenkranke sollten überhaupt keinen Sauerklee essen.

Aufrechtes Fingerkraut, Blutwurz, Reinwurz, Tormentillwurzel *Potentilla erecta* Rosengewächse *Rosaceae*
Juni—Okt. 15—30 cm. — Die zahlreichen Volksnamen dieser Pflanze erklären sich aus der früher weit verbreiteten Verwendung als Volksheilmittel. Vor allem im Wurzelstock sind Gerbstoffe enthalten, die die Blutgerinnung fördern. Ihrer Wirkung wegen setzt man Extrakte aus Wurzelstöcken gelegentlich auch Kräuterschnäpsen zu.

Bräunliche Nestwurz, Vogelnest-Orchidee *Neottia nidus-avis* Orchideengewächse *Orchidaceae*
Mai—Juni. 10—60 cm. — Die Bräunliche Nestwurz ist eine der häufigsten und zweifellos bemerkenswertesten Orchideen. Dem Äußeren nach mag man sie zunächst für einen Schmarotzer halten. Doch kann man aus ihr eine Blattgrünsorte (Chlorophyll a) extrahieren. Indessen steht es nicht fest, ob sie damit normal assimilieren kann. Sie vermag nur zu gedeihen, wenn sie mit einem Pilz in engster Lebensgemeinschaft, in Symbiose, lebt. Bei der erwachsenen Nestwurz dringen die Pilze, die mit dem Hauptteil ihres Fadengeflechts („Mycel") den modrigen Boden durchziehen, in äußere Rindenzellen der kurzen, vogelnestartig verflochtenen Wurzeln ein. In gewissen Zellen („Wirtszellen") leben sie unbehelligt weiter. In anderen werden sie verdaut („Verdauungszellen"). Auf diese Weise erhält die Vogelnest-Orchidee zumindest einen beträchtlichen Teil, wenn nicht alle Stoffe, die sie zum Leben braucht. Die Vogelnest-Orchidee steht unter Naturschutz.

Zweiblättrige Schattenblume

Zweiblättrige Schattenblume, Zweiblättriges Schattenblümchen *Maianthemum bifolium* Liliengewächse *Liliaceae*
April—Juni. 5—15 cm. — Wie der deutsche Artname zutreffend sagt, ist die Zweiblättrige Schattenblume an geringe Lichtintensitäten gut angepaßt. Ihre Blätter sind ziemlich dünn, aber verhältnismäßig reich an Blattgrün. Dadurch und durch ihre fast waagrechte Stellung, die Eigenbeschattung ausschließt, vermögen sie den größten Teil des am Waldboden noch auf sie fallenden Streulichts voll zur Assimilation auszunutzen. Auf sehr humus- und nährstoffreichen Waldböden gedeiht das Zweiblättrige Schattenblümchen weniger gut. Hier findet man nicht selten Exemplare, die nicht zur Blüte gelangen und nur ein einziges Laubblatt entwickeln. Die Pflanze enthält dieselben Giftstoffe wie das Maiglöckchen, mit dem sie verwandt ist.

Kleines Immergrün

Kleines Immergrün, Wintergrün, Singrün *Vinca minor* Hundsgiftgewächse *Apocynaceae*
April—Mai. bis 60 cm. — Das Kleine Immergrün ist eine der wenigen immergrünen Pflanzen unserer Flora. Darauf weisen seine deutschen Namen hin, unter denen „Singrün“ am bemerkenswertesten ist. Die Silbe „sin“ stammt aus dem Althochdeutschen und bedeutet „gewaltig“, „immerwährend“; als solche steckt sie auch in der Bezeichnung „Sindflut“. Das Wintergrün stellt weder an den Untergrund noch an die Beleuchtungsverhältnisse große Ansprüche. Deswegen und weil es mit seinen Ausläufern den Boden dicht bedeckt, wird es gerne in Gärten unter Bäumen und Gebüsch sowie als Grabeinfassung angepflanzt. Seine Samen sind allerdings wenig keimfähig, so daß sich die Vermehrung durch Stecklinge empfiehlt.

Schwarze Tollkirsche *Atropa bella-donna* Nachtschattengewächse *Solanaceae*
Juni—Juli. 50—150 cm. — Die Tollkirsche verdankt sowohl ihren deutschen wie auch ihren wissenschaftlichen Artnamen ihrer Giftwirkung. „Belladonna“ heißt lateinisch „schöne Frau“. Die Beeren enthalten nämlich das Atropin, das u. a. eine Erweiterung der Pupille verursacht. Große Pupillen galten im Mittelalter als schön. Indessen ist der Genuß von Tollkirschen äußerst gefährlich. Allgemein wird die tödliche Dosis mit 10—20 Tollkirschen angegeben; doch soll selbst schon der Verzehr von nur 4 Früchten zum Tode geführt haben. In den Blättern und im Wurzelstock enthält die Tollkirsche außer Atropin noch andere giftige Alkaloide, vor allem Hyoscyamin, das schon in sehr geringen Dosen Verwirrungszustände („Tollkirsche“) hervorruft, in größeren Mengen (wenige cm^2 Blattfläche) jedoch bereits tödlich wirkt.

Ufer-Zaunwinde, Zaun-Winde *Calystegia sepium* Windengewächse *Convolvulaceae*
Juni—Okt. — Die Blüten der Ufer-Zaunwinde gehören mit ihrem Durchmesser von 6—7 cm zu den größten Blüten unserer heimischen Flora. Sie können zu jeder Tages- und Nachtzeit geöffnet sein, schließen sich aber bei trübem Wetter und bei Regen. Dies ist von Vorteil; denn die Pollenkörner sind gegen Nässe außerordentlich empfindlich. Sie quellen nach Befeuchtung auf und zerplatzen schließlich. Die Ufer-Zaunwinde bevorzugt feuchte Standorte. Ihre Unterlage, an der sie sich emporrankt, findet sie durch ungleichmäßiges Wachstum der vordersten Sproßflanken, wodurch die Sproßspitze kreisende Suchbewegungen ausführt. Eine solche Kreisbewegung dauert bei warmer Witterung nicht ganz zwei Stunden. Die Sproßspitze kann dabei einen Kreis von einigen Dezimetern Durchmesser beschreiben.

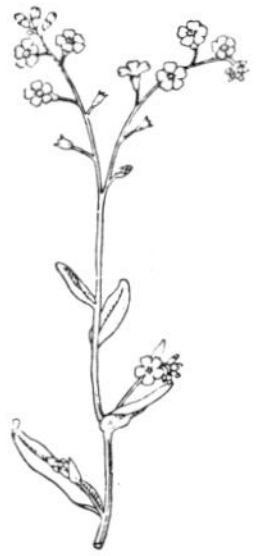
Sumpf-Vergißmeinnicht

Sumpf-Vergißmeinnicht *Myosotis palustris* Borretschgewächse *Boraginaceae*
Mai—Okt. 15—40 cm. — Von den Vergißmeinnicht-Arten ist das Sumpf-Vergißmeinnicht die häufigste, wenngleich auch nicht die auffallendste. Ihre Blüten sind nur 4—10 mm breit, die Krone ist blaß himmelblau. Die Haare am Blütenkelch stehen nicht ab; der Stengel ist leicht kantig, der Blütenstand blattlos. „Vergißmeinnicht“ bezieht sich offensichtlich auf die Unscheinbarkeit der Pflanze, deren Blüten bei näherem Betrachten jedoch durchaus reizvoll sind. Meist bemerkt man erst dann, daß die Knospen rosarot gefärbt sind. Die Blüten werden von Bienen und von Schmetterlingen bestäubt.

Gemeiner Gilbweiderich

Gemeiner Gilbweiderich, Gemeiner Felberich *Lysimachia vulgaris* Primelgewächse *Primulaceae*
Juni—Aug. 60—130 cm. — Die Bezeichnung „Weiderich“ wurde früher für verschiedene, durchaus nicht näher miteinander verwandte Arten verwendet und bezog sich stets auf die weidenblattartigen Blätter. Der Gemeine Gilbweiderich blüht nicht nur gelb; er enthält auch in den krautigen Bestandteilen einen gelben Farbstoff, in der Wurzel einen bräunlichen. Beide wurden früher verwendet. Die Blütengröße hängt beim Gemeinen Gilbweiderich offensichtlich vom Standort ab: an sonnigen Standorten mißt die Blüte mehr als 1 cm im Durchmesser und ist tiefgelb gefärbt. Im Schatten sind die Blüten kleiner und hellgelb.

Stauden-Feuerkraut, Schmalblättriges Weidenröschen, Wald-Weidenröschen *Chamaenerion angustifolium* Nachtkerzengewächse *Onagraceae (Oenotheraceae)*
Juni—Aug. 60—140 cm. — Das Stauden-Feuerkraut ist eine typische Pflanze der Waldlichtungen. Dank ihrer Haare werden die Samen über weite Strecken verweht. Da sie mehrere Jahre keimfähig bleiben, und erst keimen, wenn der Boden kräftig erwärmt wird, vermag das Stauden-Feuerkraut aufzuschießen, sobald die betreffende Waldstelle licht genug ist. An den Blüten des Stauden-Feuerkrauts entdeckte im Jahre 1790 der Botaniker Chr. Sprengel die Fremdbestäubung. Kurioserweise werden die Blüten dieser Pflanze meist schon morgens zwischen 6 und 7 Uhr bestäubt, und zwar von Bienen und Hummeln. Die Narben werden erst empfängnisfähig, nachdem die Staubgefäße der Blüte verwelkt sind. In den letzten Jahrzehnten hat sich das Stauden-Feuerkraut neben seinen angestammten Standorten neue entlang der Bahnlinien erobert. Hier wächst es, mit anderen, ursprünglich für Waldränder und Kahlschläge typischen Pflanzen, wie dem Tüpfel-Hartheu (*Hypericum perforatum*, S. 64). Beiden Arten kommt dabei ihre Fähigkeit zugute, ihre Wurzeln tief in die Erde zu senken. Nur so vermögen sie sich auf den oft extrem austrocknenden Kahlschlägen und auf den Bahnschottern genügend Feuchtigkeit zu verschaffen.

Niederliegendes Hartheu, Niederliegendes Johanniskraut *Hypericum humifusum* Hartheugewächse *Hypericaceae*
Juni—Sept. 5—15 cm. — Das Niederliegende Hartheu bevorzugt feuchte Standorte, die zumindest oberflächlich leicht versauert sind. Deswegen kommt es sowohl in sandigen Heiden, in feuchten Wäldern und auf staunassen unbebauten Böden vor. Ehe man die modernen Unkrautbekämpfungsmittel kannte, trat es auf staunassen Äckern gelegentlich in großen Beständen auf. Bei feuchtem Wetter öffnen sich die Blüten nur unvollständig oder gar nicht. Dann tritt Selbstbestäubung ein. Bei den durchscheinenden Tüpfeln der Blätter handelt es sich um Hohlräume, in denen ätherisches Öl enthalten ist.

Wald-Ziest

Wald-Ziest, Waldnessel *Stachys sylvatica* Lippenblütengewächse *Lamiaceae (Labiatae).*
Juni—Aug. 60—120 cm. — Die Blätter dieser Art, die zerrieben etwas widerlich riechen, ähneln denen der Brennessel, doch sind sie derber und vor allem ohne Brennhaare. Die Blüten sitzen in „Scheinquirlen“; in den „Achseln“ der obersten Blätter und in einer endständigen „Scheinähre“. Die Früchtchen werden wahrscheinlich vom Wind verweht, aber auch durch Tiere verschleppt. Früher wurde die Pflanze arzneilich verwendet. Sie enthält Gerbstoffe.

Pfirsichblättrige Glockenblume

Zweihäusiges Katzenpfötchen, Gemeines Katzenpfötchen, Himmelfahrtsblümchen *Antennaria dioica* Korbblütengewächse *Asteraceae (Compositae)*
Mai–Juni. 8–25 cm. – Die Blätter des Zweihäusigen Katzenpfötchens sind unterseits dicht behaart. Durch diesen Haarfilz wird die Wasserabgabe aus den Spaltöffnungen, die fast ausschließlich an der Blattunterseite liegen, stark eingeschränkt. Dies ist als eine Anpassung an die meist trockenen Standorte der Pflanze aufzufassen. Deutlich scheint sie kalkarme Böden zu bevorzugen, kommt aber auch auf Kalkböden vor, sofern diese nährstoffarm sind. Düngung erträgt die Pflanze nicht. Beim Zweihäusigen Katzenpfötchen gibt es Individuen, die nur weibliche und solche, die zwittrige Blüten tragen. Echte Zweihäusigkeit liegt also nicht vor.

Tüpfel-Hartheu, Johanniskraut *Hypericum perforatum* Hartheu-Gewächse *Hypericaceae*
Juni–Okt. 30–60 cm. – Das Johanniskraut spielt seit alters eine Rolle in der Volksmedizin und im Aberglauben. In den Blüten ist der rote Farbstoff Hypericin enthalten (Knospe oder Blüte zwischen den Fingern zerquetschen). In ihm sah man ein Symbol für Blut. Sofern die Pflanze überhaupt arzneilich wirksame Inhaltsstoffe enthält, dürften dies in erster Linie Gerbstoffe und die ätherischen Öle sein; die ätherischen Öle sind in punktförmigen Behältern der Blätter gespeichert. Das Hypericin ist eine photosensibilisierende Substanz, die bei Tieren, die Johanniskraut gefressen haben und im Sonnenlicht bleiben, schwere Krankheitserscheinungen hervorrufen kann. Der Name „Johanniskraut" bezieht sich auf den Aufblühzeitpunkt (24. Juni = Johannistag).

Pfirsichblättrige Glockenblume *Campanula persicifolia* Glockenblumengewächse *Campanulaceae.*
Juni–Sept. 15–50 cm. – Mit ihren bis zu 4 cm langen, weit geöffneten Blüten gilt die Pfirsichblättrige Glockenblume als die schönste unter den heimischen Vertretern ihrer Gattung. In der Tat wird sie denn auch häufig als Zierblume in Gärten gezogen. Neben der normalen Wildform erfreuen sich besonders weißblühende Exemplare oder solche mit gefüllten Blüten großer Beliebtheit. Die Pfirsichblütige Glockenblume liebt trockene, lockere, nährstoffreiche und kalkhaltige Böden. In starkem Schatten gedeiht sie nicht. Deswegen tritt sie vor allem in lichten Gebüschen, an Waldrändern und auf Kahlschlägen auf.

Echtes Tausendgüldenkraut

Echtes Tausendgüldenkraut *Centaurium umbellatum* Enziangewächse *Gentianaceae*
Juli–Okt. 8–50 cm. – Der Name „Tausendgüldenkraut" ist eine irreführende Eindeutschung von „Centaurium", in dem man „centum" = hundert und „aureum" = Gold zu erkennen glaubte. Der wissenschaftliche Gattungsname bezieht sich aber auf eine griechische Sage, derzufolge der verwundete Centaur Chiron durch ein Kraut geheilt worden sein soll, eben durch das Tausendgüldenkraut. Die Blüten des Echten Tausendgüldenkrauts öffnen sich nur, wenn es wärmer als etwa 20° C ist. Die abendliche Schließbewegung wird durch die abnehmende Helligkeit ausgelöst. Die Blüten sondern keinen Nektar ab. Als Bestäuber kommen pollenfressende Insekten, in erster Linie Fliegen und Bienen in Frage. Schmetterlinge, die man gelegentlich auf den Blüten beobachtet, dürften im saftreichen Gewebe an der Basis der Blütenröhre saugen.

Weiße Pestwurz *Petasites albus* Korbblütengewächse *Asteraceae (Compositae)*
März—Mai. 5—70 cm. — Ähnlich wie beim Huflattich erscheinen bei der Weißen Pestwurz die Blütenstände, ehe die Pflanze Blätter aus ihrem Wurzelstock austreibt. Dieser mißt etwa 1 cm im Durchmesser und ist nur spärlich bewurzelt. An ihren Standorten, in feuchten Wäldern, auf Quellhorizonten, an Ufern und an Hängen mit austretendem Hangdruckwasser, vermag sie dennoch genügend Wasser aufzunehmen. Sie ist nicht so häufig wie die Rote Pestwurz, die in Sumpfwiesen und an Grabrändern oft in Massenbeständen als lästiges Unkraut auftritt. Ihr Wurzelstock wurde im Mittelalter als Heilmittel gegen die Pest empfohlen (Gattungsname!). Doch handelte es sich hierbei, wie wir heute wissen, um eine gänzlich wirkungslose Arznei. Der Wurzelstock enthält nur ätherische Öle, Bitterstoffe und stärkeähnliche Verbindungen. Dem ätherischen Öl verdankt er seinen etwas unangenehmen Geruch.

Blut-Weiderich

Wasser-Schwertlilie, Sumpf-Schwertlilie *Iris pseudacorus* Schwertliliengewächse *Iridaceae*
Mai—Juli. 60—150 cm. — Die Wasser-Schwertlilie hat zwar sehr große, aber auch sehr kurzlebige Blüten. Auf deren Blättern wird das dunkelgelbe Saftmal von braunen Linien begrenzt. Der reichlich abgeschiedene Nektar befindet sich am Grunde dieses Saftmals. Über den äußeren Blütenblättern stehen blütenblattartige Griffeläste. An ihrem unteren, vorderen Ende sitzt die Narbe, weiter hinten die Staubgefäße. Die bestäubenden Insekten — Hummeln und Schwebfliegen — berühren nur beim Vordringen zum Nektar die bestäubungsfähige Narbenfläche. Beim Zurückweichen, wenn sie sich mit dem Pollen eingepudert haben, drücken sie den Narbenlappen nach oben an den Griffelast an, so daß Eigenpollen nicht auf den empfängnisfähigen Teil der Narbe gelangen kann. Die Wasser-Schwertlilie ist gesetzlich geschützt.

Echtes Seifenkraut, Gebräuchliches Seifenkraut, Gemeines Seifenkraut *Saponaria officinalis* Nelkengewächse *Caryophyllaceae*
Juli—Sept. 30—80 cm. — Das Seifenkraut enthält in allen Teilen, besonders reichlich aber in der Wurzel, giftige Saponine. Diese bilden mit Wasser schäumende Lösungen. Früher sollen Extrakte aus den Wurzeln als Waschlauge verwendet worden sein. Wie andere Nelkengewächse (z. B. Weiße Nachtnelke, S. 22) ist das Seifenkraut eine Nachtfalterblume. Die Blüten strömen ihren Duft erst am Abend und in der Nacht aus. Bestäuber sind langrüsselige Schmetterlinge (Rüssellänge mindestens 2 cm, z. B. Ligusterschwärmer, Taubenschwänzchen, manche Eulen).

Blut-Weiderich, Ähren-Weiderich *Lythrum salicaria* Weiderichgewächse *Lythraceae*
50—160 cm. — Beim Blut-Weiderich verhindert „Heterostylie“ die Selbstbestäubung (s. Wiesen-Primel, S. 40). Seinen Namen verdankt er nicht nur den roten Blüten und weidenblattähnlichen Blättern, sondern auch der früher üblichen Verwendung von Extrakten seiner Stengel und Laubblätter als blutstillendes Mittel. In ihnen sind Gerbstoffe enthalten. Früher soll er sogar in der Gerberei verwendet worden sein. Der Blut-Weiderich besiedelt auch Standorte, die wenigstens zeitweise überflutet sind. An den untergetauchten Stengeln entwickelt sich alsdann ein besonders lockeres Rindengewebe, das die Versorgung der im Schlamm stehenden Wurzelstöcke mit Sauerstoff gewährleistet.

Verzeichnis der wissenschaftlichen Namen

Verzeichnis der deutschen Namen